黑龙江省自然科学基金项目

"基于遥感影像的鸡西市黑土地变化驱动力预测模型研究"（LH2023D023）资助

遥感专题

信息处理与分析技术探究

韩月娇　王爱民　鲁光明　张平　著

中国矿业大学出版社

·徐州·

内 容 提 要

本书内容分为四个部分：遥感基础理论、遥感光谱分析技术、地形构建及专题信息处理技术。全书根据测绘、遥感、地理信息等不同行业对高层次人才的要求，反映现代遥感专题信息数字处理技术与方法，结合大量应用技术分析撰写而成。

本书可作为本科及研究生的遥感技术实践用书，也可作为工程技术人员的参考用书。

图书在版编目(CIP)数据

遥感专题信息处理与分析技术探究/韩月娇等著
.—徐州：中国矿业大学出版社，2023.9
ISBN 978 - 7 - 5646 - 5946 - 2

Ⅰ.①遥… Ⅱ.①韩… Ⅲ.①遥感数据－数据处理－研究 Ⅳ.①TP751.1

中国国家版本馆 CIP 数据核字(2023)第 183493 号

书　　名	遥感专题信息处理与分析技术探究
著　　者	韩月娇　王爱民　鲁光明　张　平
责任编辑	何晓明　李　敬
出版发行	中国矿业大学出版社有限责任公司
	（江苏省徐州市解放南路　邮编221008）
营销热线	（0516）83885370　83884103
出版服务	（0516）83995789　83884920
网　　址	http://www.cumtp.com　E-mail：cumtpvip@cumtp.com
印　　刷	苏州市古得堡数码印刷有限公司
开　　本	787 mm×1092 mm　1/16　**印张** 12.75　**字数** 250 千字
版次印次	2023 年 9 月第 1 版　2023 年 9 月第 1 次印刷
定　　价	52.00 元

（图书出现印装质量问题，本社负责调换）

前　言

　　遥感是 20 世纪 60 年代初发展起来的一门新兴技术。最初遥感是采用航空摄影技术。1972 年,美国启动陆地卫星计划,发射了第一颗对地观测卫星(ERTS),开始了航天遥感技术发展和应用的新时期,人类认识地球的范围变得无限宽广。随着遥感技术的不断成熟,逐渐形成了遥感市场。目前,该市场涉及领域非常广泛,包括国防、数字城市、农业、林业、土地、海洋、测绘、气象、生态、环保以及地矿、石油等。遥感影像处理是遥感应用的第一步,也是非常重要的一步,目前的技术也非常成熟,有很多相关的软件。其中,ENVI (The Environment for Visualizing Images)是由遥感领域的科学家采用交互式数据语言 IDL(Interactive Data Language)开发的一套功能强大的遥感图像处理软件。

　　遥感技术是当前一种先进的信息采集方式,能全天候、多角度、宏观动态地监测地表地物信息,已经广泛应用于多个行业,发展为多个学科互相影响和交叉应用的研究领域,也是测绘工程、地理信息工程、海洋工程、地质勘查工程、矿业工程及环境工程等专业的必修课或技术基础课。不同的专业方向对遥感技术理论与实践教学内容的要求既有共性部分,又各有特色,具体应用技术与范畴也不同。

本书内容分为四个部分:遥感基础理论、遥感光谱分析技术、地形构建及专题信息处理技术。第一部分介绍了遥感基础概念、遥感技术发展和现状、遥感的物理基础等内容;第二部分包括基本及高级光谱分析技术、目标探测识别技术、柑橘光谱混合分解识别技术及复垦植被波段检测与判别技术等操作;第三部分主要以遥感地形构建为主,内容包含信息处理分析、地形构建及提取方式、微波遥感地形构建等内容;第四部分进行了遥感专题信息的处理分析,内容包含地表温度遥感反演、土地侵蚀荒漠化遥感监测及各个遥感信息分析应用技术等内容。

本书由黑龙江工业学院韩月娇、王爱民、鲁光明、张平共同撰写完成。具体编写分工如下:韩月娇负责第一至三章;王爱民负责第四、五章;鲁光明负责第六章第一至三节;张平负责第六章第四至六节。全书由韩月娇统稿、定稿。

由于水平有限,书中不当之处在所难免,敬请广大读者不吝赐教,不胜感激。

著　者

2023 年 5 月

目　　录

第一章　绪论 ……………………………………………………… 1

第一节　遥感的基础概念 ………………………………………… 1

第二节　遥感技术的系统 ………………………………………… 5

第三节　遥感技术发展历史 ……………………………………… 8

第四节　遥感技术的现状与趋势 ………………………………… 11

第二章　遥感物理基础 …………………………………………… 16

第一节　可见光/近红外电磁波与地表的作用 ………………… 16

第二节　热红外电磁波与地表的作用 …………………………… 41

第三节　固体地表的微波辐射 …………………………………… 51

第三章　遥感光谱分析技术 ……………………………………… 61

第一节　基本光谱分析技术 ……………………………………… 61

第二节　高级光谱分析 …………………………………………… 69

第三节　目标探测与识别 ………………………………………… 74

第四节　柑橘的光谱混合像元分解识别 ………………………… 78

第五节　复垦植被波段检测与判别 ……………………………… 81

第四章　遥感地形构建与分析 …………………………………… 88

第一节　地形构建方法 …………………………………………… 88

第二节　微波遥感地形构建 ……………………………………… 91

第三节　地形提取模型和特征提取 ……………………………… 96

第四节　东江流域边界的提取 …………………………………… 97

第五节　东江流域面积提取 ……………………………………… 102

第五章　遥感专题信息处理分析 ··· 103

　第一节　地表温度遥感反演 ··· 103

　第二节　土地侵蚀遥感评估 ··· 118

　第三节　土地荒漠化遥感监测 ··· 132

第六章　遥感信息分析应用技术 ··· 146

　第一节　测绘应用 ··· 146

　第二节　资源与环境应用 ··· 156

　第三节　城市应用 ··· 171

　第四节　农业与林业应用 ··· 176

　第五节　地质应用 ··· 181

　第六节　其他应用 ··· 187

参考文献 ··· 195

第一章 绪 论

遥感(Remote Sensing,RS)是 20 世纪 60 年代新兴并迅速发展起来的一门综合性探测技术。随着电子计算机技术、空间技术、信息技术等当代高新技术的迅速发展,以及地学、环境等学科发展的需要,遥感在航空摄影测量的基础上,逐步发展形成一门新兴交叉学科,并从以飞机为主要运载工具的航空遥感发展到以人造地球卫星、宇宙飞船和航天器为运载工具的航天遥感,甚至到今天以太空探测器为运载工具的太空遥感。遥感极大地拓展了人们的观察视野和观测领域,遥感科学与技术的研究和应用也进入一个崭新的阶段。

第一节 遥感的基础概念

一、遥感的概念

遥感,即遥远的感知。通常遥感有广义和狭义的理解。

广义遥感,泛指各种非直接接触的、远距离探测目标的技术。利用电磁场、力场、机械波(声波、地震波)等的探测都包含在广义遥感之中。实际工作中,重力、磁力、声波、地震波等的探测被划为物探(物理探测)的范畴。因此,只有电磁波探测属于遥感的范畴。

狭义遥感,是指应用探测仪器(传感器),不与被测目标直接接触,在高空或远距离处,接收目标辐射或反射的电磁波信息,并对这些信息进行加工处理与分析,从而揭示目标的特征性质及其运动状态的综合性探测技术。

遥感不同于遥测和遥控。遥测是指对被测物体某些运动参数和性质进行远距离测量的技术,分为接触测量和非接触测量。遥控是指远距离控制目标物运动状态和过程的技术。遥感,特别是空间遥感,其过程的完成往往需要综合运用遥测和遥控技术,如卫星遥感,必须有对卫星运行参数的遥测和卫星工作状态的控制。

二、遥感的分类

遥感的分类多种多样，目前还没有一个完全统一的分类标准。基于对遥感定位的不同理解，常见的分类方式有以下几种。

1. 按遥感的对象分类

① 宇宙遥感，遥感的对象是宇宙中的天体和其他物质的遥感。

② 地球遥感，遥感的对象是地球和地球事物的遥感，可分为环境遥感和资源遥感。以地球表层环境（包括大气圈、陆海表面和表面以下的浅层）为对象的遥感叫作环境遥感。环境遥感主要对自然与社会环境的动态变化进行监测、评价和预报。由于人口增长与资源的开发利用，自然与社会环境随时都在发生变化，遥感多时相、周期短的特点可以迅速地为环境监测、评价和预报提供可靠依据。以地球资源的探测、开发、利用、规划、管理和保护为主要内容的遥感技术及其应用过程叫作资源遥感。利用遥感技术探测地球资源，成本低、速度快，有利于克服恶劣自然环境的限制，减少勘探资源的盲目性。

2. 按遥感平台（即运载工具）分类

① 地面遥感，是指传感器设置在地面平台上，如车载、船载、三脚架、手提、固定或活动的高架平台等。其作用是基础性和服务性的，如收集地物光谱、为航空航天传感器定标、验证航空航天传感器的性能等。

② 航空遥感，又称机载遥感，是指在飞机（飞艇或热气球）飞行高度上对地球表面进行探测。其特点是灵活性大、图像清晰、分辨率高，并且历史悠久，已经形成了较完整的理论和应用体系。航空遥感还可以进行各种遥感试验与校正工作。

③ 航天遥感，又称星载遥感，是指在卫星轨道高度上（包括运载在卫星、航天飞机、宇宙飞船、航天空间站上）对地球表面进行探测。其特点是成像高度高、宏观性好、可进行重复观测、图像获取速度快、不受沙漠和冰雪等恶劣自然环境的限制。1972 年，美国发射了第一颗陆地卫星，标志着航天遥感时代的开始。

④ 航宇遥感，是指传感器设置于星际飞机上，对地月系统外的目标进行探测。

3. 按传感器的探测波段分类

① 紫外遥感，探测波段为 $0.05 \sim 0.38\ \mu m$。

② 可见光遥感，探测波段为 $0.38 \sim 0.76\ \mu m$。

③ 红外遥感,探测波段为 0.76～1 000 μm。目前,红外遥感主要有两个研究与应用领域:a.反射红外遥感,探测波段为 0.7～2.5 μm,是反射红外波段,它与可见光遥感共同的特点是辐射源是太阳,在这两个波段上只反映地物对太阳辐射的反射,根据地物反射率的差异,就可以获得有关目标物的信息;b.热红外遥感,探测波段为 8～14 μm,指通过红外敏感元件,探测物体的热辐射能量,显示目标的辐射温度或热场分布,在常温(约 300 K)下地物热辐射的绝大部分能量位于此波段,在此波段地物的热辐射能量大于太阳的反射能量,且其具有昼夜工作的能力。

④ 微波遥感,探测波段为 1 mm～1 m。通过接收遥感仪器本身发出的电磁波束的回波信号,对物体进行探测、识别和分析。其特点是对云层、地表植被、松散沙层和干燥冰雪具有一定的穿透能力,能全天候工作。

4.按传感器工作方式分类

① 主动遥感,又称有源遥感,是指从遥感平台上的人工辐射源向目标发射一定波长的电磁波,同时接收目标物反射或散射回来的电磁波,以此所进行的探测。

② 被动遥感,又称无源遥感,是指用传感器接收目标自身辐射或反射太阳辐射的电磁波信息而进行的探测。

5.按成像波段的宽度与数量分类

① 多光谱遥感,把光谱分成几个或十几个较窄的波段来同步接收信息,单一图像的波段宽度一般是在几十纳米至几百纳米之间,可同时得到一个目标物不同波段的多幅图像。

② 高光谱遥感,把光谱分成几十个甚至数百个很窄的、连续的波段来接收信息,每个波段宽度可小于 10 nm。

6.按遥感资料的记录方式分类

① 成像遥感,传感器接收的目标电磁辐射信号可转换成数字(或模拟)图像。

② 非成像遥感,传感器接收的目标电磁辐射信号不能形成图像。

7.按遥感应用领域分类

从大的研究领域,可分为外层空间遥感、大气层遥感、陆地遥感、海洋遥感等;从具体应用领域或应用目的,可分为资源遥感、环境遥感、农业遥感、林业遥感、城市遥感、海洋遥感、地质遥感、气象遥感和军事遥感等。当然,还可以划分为更细的专业遥感领域进行专题研究。

三、遥感的特点

遥感主要根据物体对电磁波的反射和辐射特征对目标进行采集,并形成了对地球资源和环境进行"空-天-地"一体化的立体观测体系。因此,遥感有如下主要特点:

① 感测范围大,具有综合、宏观的特点。遥感从飞机或人造地球卫星上获取的航空或卫星图像的观测范围比在地面上观察的视域范围要大得多,景观一览无余,为人们研究地面各种自然、社会现象及其分布规律提供了便利的条件。例如,航空图像可提供不同比例尺的地面连续景观图像,并可进行像对的立体观测。图像清晰逼真,信息丰富。一幅比例尺为 1∶3.5 万的 23 cm×23 cm 的航空图像,可展示地面 60 余平方千米范围的地面景观实况,并且可将连续的图像镶嵌成更大区域的影像图,以便综观全区进行分析和研究。卫星图像的观测范围相对更大,一幅陆地卫星专题测图仪(thematic mapper,TM)图像可反映 185 km×185 km 的景观实况。我国全境仅需 500 余张这种图像就可拼接成全国卫星影像图。因此,遥感技术为宏观研究各种现象及其相互关系,如区域地质构造和全球环境等问题,提供了有利条件。

② 信息量大,具有手段多、技术先进的特点。根据不同的任务,遥感技术可选用不同波段和传感器获取信息。遥感可提供丰富的光谱信息,即不仅能获得地物可见光波段的信息,而且可以获得紫外、红外、微波等波段的信息。遥感所获得的信息量远远超过了可见光波段范围所获得的信息量,这无疑扩大了人们的观测范围和感知领域,加深了人们对事物和现象的认识。例如,微波具有穿透云层、冰层和植被的能力,红外线则能探测地表温度的变化等。因此,遥感使人们对地球的监测和对地物的观测达到多方位和全天候。

③ 获取信息快,更新周期短,具有动态监测的特点。因卫星围绕地球运转,故能及时获取所经过地区的各种自然现象的最新资料,可更新原有资料,现势性好;可对取得的不同时相资料及图像进行对比、分析和对地物动态变化的情况进行研究,为环境监测及地物发展演化规律的研究分析提供了基础,这是人工实地测量和航空摄影测量无法比拟的。例如,Landsat-5、Landsat-7 陆地卫星每 16 天即可对全球陆地表面成像 1 遍;诺阿(NOAA)气象卫星每天能收到两次图像;Meteosat 气象卫星每 30 分钟获得同一地区的图像。因此,遥感可及时为灾情的预报和抗灾救灾工作提供可靠的科学依据和资料。

④ 具有获取信息受条件限制少的特点。在地球上有很多地方自然条件极为恶劣,如沙漠、沼泽、高山峻岭等。采用不受地面条件限制的遥感技术,特

别是航天遥感,可方便及时地获取各种宝贵资料。

⑤ 应用领域广,具有用途大、效益高的特点。遥感技术在各类动态变化监测方面越来越显示出它的优越性。遥感已广泛应用于环境监测、资源勘测、农林水利、地质勘探、环境保护、气象、地理、测绘、海洋研究和军事侦察等领域,深入多种学科中,且应用领域还在不断扩展。遥感在众多领域的广泛应用产生了十分可观的经济效应和卓有成效的社会效应。

第二节 遥感技术的系统

遥感过程是指遥感信息的获取、传输、处理、分析解译和应用的全过程。它包括:遥感信息源(或地物)的物理性质、分布及运动状态,环境背景及电磁波光谱特征,大气的干扰和大气窗口,传感器的分辨能力、性能和信噪比,图像处理及识别,人的视觉生理和心理及专业素质等。因此,遥感过程不仅涉及遥感本身的技术过程,还涉及地物景观和现象的自然发展演变过程及人们的认识过程。这一复杂过程当前主要通过对被测目标的信息特征研究、数据获取、数理统计分析、模式识别及地学分析等方法完成。遥感过程实施的技术保证则依赖于遥感技术系统。

遥感技术系统包括被测目标的信息特征、信息的获取、信息的传输和记录、信息的处理及信息的应用五大部分。图 1-1 为遥感过程和技术系统示意图,反映了遥感数据获取→数据处理分析→数据应用的全过程。

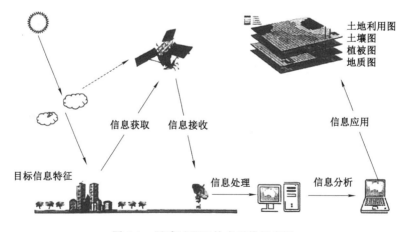

图 1-1 遥感过程和技术系统示意图

一、目标物的电磁波特征

人们通过大量实践发现,地球上的所有物体都以它们本身特有的规律、不同的自然状态,在不等量地吸收、反射、散射、辐射和透射电磁波,这种对电磁波固有的波长特征叫作物体的光谱特征。例如,植物的叶子之所以看起来是绿色的,是因为叶绿素对红色光和蓝色光的强吸收,而对绿色光的强反射所致。

正因为各种物体的光谱特征互不相同,所以在事先采集(即实况调查)了各种物体的光谱特征以后,只要能使传感器收集、记录这些不同性质的光谱特征,把传感器获得的与事先采集的光谱特征进行比较,就可以区别不同的物体,这就是遥感的基本原理。

任何目标物都具有发(辐)射、反射和吸收电磁波的性质,这就是遥感的信息源。目标物与电磁波的相互作用,构成了目标物的电磁波特征,它是遥感探测的依据。

二、遥感信息的获取、传输与记录

传感器(又名遥感器)是指收集、探测和记录目标反射和发射来的电磁波的装置,信息的获取主要由传感器来完成。目前使用的传感器主要有数码相机、扫描仪、雷达、成像光谱仪、光谱辐射计等。遥感平台是搭载传感器并使传感器有效工作的设备,如遥感车、航天飞机、人造地球卫星等。

传感器接收到目标地物的电磁波信息,记录在数字磁介质或胶片上。胶片由人或回收舱送到地面回收,而数字磁介质上记录的信息则可通过卫星上的微波天线传输给地面的卫星接收站。地面站接收到遥感卫星发送来的数字信息,记录在高密度的磁介质上(如高密度数字磁带或光盘等),并进行一系列的处理,如信息恢复、辐射校正、卫星姿态校正、投影变换等,再转换为用户可使用的通用数据格式或转换成模拟信号(记录在胶片上),才能被用户使用。

从理论上讲,对整个电磁波波段都可以进行遥感,但是受到大气窗口和技术水平的限制,目前只能在有限的几个波段上进行,其中最重要的波段为可见光波段、近红外波段、中红外波段、热红外波段和微波波段等。在这些遥感波段上,物体所固有的电磁波特征还要受到太阳及大气等环境条件的影响,因而传感器接收到目标反射或辐射的电磁波后,还需进行校正处理、解译及分析,才能得到各个领域的有效信息。

三、遥感信息的处理、解译与分析

遥感信息的获取是由传感器接收并记录目标反射或自身发射的电磁波来完成的。事实上,传感器获取的电磁波是多元的(图 1-1)。对于被动遥感,太阳辐射通过大气层时部分被大气散射、吸收和透射,透过大气层的太阳辐射到达地表,还有一部分被地物散射、吸收和反射,地物反射的电磁波及自身发射的电磁波经过大气时,再次被大气衰减后剩余的部分才被传感器接收。对于主动遥感,有同样的作用机理。当然传感器接收的电磁波还包括大气散射的部分,如天空光等。大气对电磁波的作用是复杂的,这部分内容将在后续章节具体讲述。传感器接收的电磁波的多元性使得遥感数据处理与分析复杂化。

遥感信息处理是指通过各种技术手段对遥感探测获得的信息进行的各种处理。例如,为了消除探测中各种干扰和影响,使其信息更准确可靠,而进行的各种校正(辐射校正、几何校正等)处理;为了使所获遥感图像更清晰,以便于识别和解译而进行的各种增强处理等。为了确保遥感信息应用时的质量和精度,充分发挥遥感信息的应用潜力,遥感信息处理是必不可少的。

在遥感信息处理、解译与分析中,非遥感的辅助数据具有重要价值。辅助数据包括野外站点采集和调查的数据、实验室数据及各类专题图,如土地利用、水文、地貌、行政区划图等。它们不仅用于遥感数据的补充和校正,还用于对遥感最终结果的分析与评价。

数据处理、解译与分析主要有以下两种方式:

① 目视解译或模拟数字图像处理(digital image processing,DIP),是借助于不同的观测、解译设备,如立体镜、彩色合成仪、密度分割仪等,通过解译基本要素,如大小、形状、色调、纹理、组合方式等,依据解译者的知识、经验识别和提取目标的大小、形状、位置、范围及其变化信息。基于个人经验的目视解译精度往往优于数字图像处理的精度。但是目视解译由于人的生理局限性,不能区分图像上的细微差异。对于黑白航空像片,人眼仅能区分 8~16 个灰度级,对于 256 个灰度级甚至更高辐射量化级记录的原始图像,目视解译则无法完成信息的提取。

② 计算机图像处理,即数字图像处理,是指利用数理统计等多种数据处理方法及计算机领域的知识自动识别和提取目标的信息。目前已有很多成熟的方法和软件,主要是基于像元色调/颜色的统计识别技术,同时也将纹理、组合等信息以及人工智能、神经网络、模糊逻辑的方法应用到遥感数据分析中。

四、遥感信息应用

遥感信息应用是遥感的最终目的。遥感信息应用应根据专业目标的需要,选择适宜的遥感信息及工作方法进行,以取得较好的社会效益和经济效益。

这项工作由各专业人员根据不同的应用需要而进行。在应用过程中,也需要大量的信息处理和分析,如不同遥感信息的融合及遥感与非遥感信息的复合等。

遥感数据产品主要有各种图形、图像、专题图、表格、各种地学参数(温度、湿度、生物覆盖度、地表粗糙度等)、数据文件等。这些数据可以借助于地理信息系统(geographic information system,GIS)进行各种不同层次的综合分析,能显著提高信息产品的精度。

总之,遥感是一个综合性的系统,涉及航空、航天、光电、物理、计算机和信息科学及诸多的应用领域,其发展与这些学科紧密相关。

第三节　遥感技术发展历史

"遥感"一词首先是由美国海军研究部的普鲁伊特提出来的,20 世纪 60 年代初在由美国密歇根大学等组织发起的环境科学讨论会上正式被采用,此后"遥感"这一术语得到科学技术界的普遍认同和接受,并被广泛运用。而遥感的渊源则可追溯到很久以前,其发展可大致分为两大时期。

一、遥感的萌芽及初期发展时期

如果说人类最早的遥感意识是懂得了凭借人的眼、耳、鼻等感觉器官来感知周围环境的形、声、味等信息,从而辨认周围物体的属性和位置分布的话,那么人类自古以来就在想方设法不断地扩大自身的感知能力和范围。1610 年,意大利科学家伽利略研制的望远镜及对月球的首次观测,以及 1794 年气球首次升空侦察,可视为遥感的最初尝试和实践。而 1839 年达盖尔和涅普斯的第一张摄影照片的发表则是遥感成果的首次展示。

随着摄影技术的诞生和照相机的使用,以及信鸽、风筝及气球等简陋平台的应用,构成了初期遥感技术系统的雏形。空中像片的魅力,得到更多人的首肯和赞许。1903 年飞机的发明,以及 1909 年赖特第一次从飞机上拍摄意大利西恩多西利地区的空中像片,从此揭开了航空摄影测量——遥感初期发展的序幕。

在第一次进行航空摄影以后,1913年塔尔迪沃发表了论文,首次描述了用飞机摄影绘制地图的问题。第一次世界大战期间,航空摄影因军事上的需要而得到迅速的发展,并逐渐形成了独立的航空摄影测量学的学科体系,其应用进一步扩大到森林、土地利用调查及地质勘探等方面。

随着航空摄影测量学的发展及其应用领域的扩展,特别是第二次世界大战中军事上的需要,以及科学技术的不断发展,彩色摄影、红外摄影、雷达技术及多光谱摄影和扫描技术相继问世,传感器的种类不断增多,遥感探测手段取得了显著的进步,从而使遥感超越了航空摄影测量只记录可见光波段的局限,向紫外波段和红外波段扩展,并扩大到微波波段。同时,运载工具及解译成图设备等也都得到相应的完善,遥感迎来了一个全新的发展时期。

二、现代遥感发展时期

1957年10月4日,苏联发射了第一颗人造地球卫星,标志着遥感发展新时期的开始。1959年,苏联宇宙飞船"月球三号"拍摄了第一批月球像片。20世纪60年代初,人类第一次实现了从太空观察地球的壮举,并取得了第一批从宇宙空间拍摄的地球卫星图像。这些图像大大地开阔了人们的视野,引起了广泛的关注。随着新型传感器的研制成功和应用、信息传输与处理技术的发展,美国在一系列试验的基础上,于1972年7月23日发射了用于探测地球资源和环境的地球资源技术卫星,后更名为陆地卫星-1(ERTS-1),为航天遥感的发展及广泛应用开创了一个新局面。

到目前为止,世界各国发射的各种人造地球卫星已超过3 000颗,其中大部分为军事侦察卫星(约占60%),用于科学研究及地球资源探测和环境监测的有气象卫星系列、陆地卫星系列、海洋卫星系列、测地卫星系列、天文观测卫星系列和通信卫星系列等。通过不同高度的卫星及其载有的不同类型的传感器,人们可以不间断地获得地球上的各种信息。现代遥感充分发挥航空遥感和航天遥感的优势,并将其融合为一个整体,构成了现代遥感技术系统,为进一步认识和研究地球、合理开发地球资源提供了强有力的现代化手段。

现代遥感技术的发展引起了世界各国的普遍重视,遥感应用的领域在不断扩大及应用的深度在不断延伸,遥感技术已经取得了丰硕的成果和显著的经济效益。就遥感的总体发展而言,美国在运载工具、传感器研制、图像处理、基础理论及应用等各个领域(包括数量、质量及规模上)均处于领先地位,体现了现今遥感技术发展的水平。俄罗斯也曾是遥感的超级大国,尤其在运载工具的发射能力上及遥感资料的数量和应用上都具有一定的优势。此外,西欧、加拿大、日本等发达国家和地区也都在积极地发展各自的空间技术,研制和发射自己的卫星,如法国的 SPOT 系列卫星、日本的 JERS 卫星系统和 MOS 卫星系统等。许多第三世界国家对遥感技术的发展也极为重视,纷纷将其列入国家发展规划中,大力发展本国的遥感基础研究和应用。中国、巴西、泰国、印度、埃及和墨西哥等都已建立起专业化的研究应用中心和管理机构,形成了一定规模的专业化遥感技术队伍,取得了一批较高水平的成果,显示出第三世界国家在遥感发展方面的实力及在应用上的巨大潜力。

当前遥感已处于向生产型和商业化过渡的阶段,但其在实时监测处理能力、观测精度及定量化水平以及遥感信息机理、应用模型建立等方面仍不能或不能完全满足实际应用要求。因此,今后遥感将进入一个更艰巨的发展历程,需要各个学科领域的科技人员协同努力,进行深入的研究和实践,共同促进遥感的更大发展。

三、我国遥感的发展概况

我国国土辽阔,地形复杂,自然资源丰富。为了清查和掌握我国土地、森林、矿产、水利等自然资源,更好地配合国家建设,我国对遥感的发展一直给予重视和支持。20 世纪 50 年代,我国就组织了专业飞行队伍,开展了航空摄影和应用工作。60 年代,我国航空摄影工作已初具规模,完成了我国大部分地区的航空摄影测量工作,应用范围不断扩展。有关院校设立了航空摄影专业或课程,培养了一批专业人才,专业队伍得到巩固和发展,为我国遥感事业的发展打下了基础。70 年代,随着国际上空间技术和遥感技术的发展,我国的遥感事业迎来了一个新的发展时期:1970 年 4 月 24 日我国成功发射了第一颗人造地球卫星;1975 年 11 月 26 日我国发射的卫星在正常运行之后,按计划返回地面,并获得了质量良好、清晰的卫星像片。随着美国陆地卫星图像及数字图像处理系统等遥感资料和设备的引进,特别是为满足我国经济建设的恢复和发展需要,20 世纪 80 年代,遥感事业在我国空前地活跃了起来。经过80 年代及 90 年代初的发展,我国相继完成了从单一黑白摄影向彩色、红外、多波段摄影等多手段探测的航空遥感的转变。特别是进入 21 世纪,风云系列、资源系列、高分系列、天宫系列、嫦娥工程、尖兵计划、火星计划、小卫星星座和北斗卫星导航系统等数项大型综合遥感试验和遥感工程的完成,使我国遥感事业得到长足的发展,大大缩短了与世界先进水平的差距,有些项目已进入世界先进水平行列。

第四节　遥感技术的现状与趋势

　　总体来说,遥感技术的应用已经相当广泛,应用深度也在不断加强。目前,遥感技术在地理科学、农业、林业、城市规划、土地利用、资源探测、考古、环境监测、生态保护与评价、地质灾害、警情预报等各个领域均有不同程度的应用,已成为实现数字地球战略思想的关键技术之一。地球科学中的矿产勘查、地质填图等是较早应用遥感技术的领域,随着遥感技术的发展,其应用潜力还可以不断地挖掘;在精细农业、环境评价、数字城市等新领域,遥感技术的应用潜力巨大。此外,GIS 技术、虚拟现实技术、卫星导航定位技术、数据库技术等的快速发展也无疑为遥感技术更广、更深的应用提供了技术支持。总之,卫星遥感技术的进步,把人类带入了立体化、多层次、多角度、全方位和全天候对地观测的新时代。

一、遥感技术的现状

　　遥感信息获取技术的发展十分迅速,主要表现在以下几个方面:

　　① 各种类型遥感平台和传感器的出现。现已发展起来的遥感平台有地球静止轨道卫星(35 786 km)和太阳同步轨道卫星(600~1 000 km)。传感器有框幅式光学仪器、缝隙式摄影机、全景相机、光机扫描仪、电荷耦合器件(charge coupled device,CCD)、面阵扫描仪、微波散射计、雷达测高仪、激光扫描仪和合成孔径雷达等。它们几乎覆盖了大气窗口的所有电磁波段,而且有些遥感平台还可以多角度成像,如 CCD 三线阵列可以同时得到 3 个角度的扫描成像;EOS-AM1(Terra)卫星上的多角度成像光谱辐射计(multi-angle imaging spectroradiometer,MISR)可同时从 9 个角度对地成像。

　　② 空间分辨率、光谱分辨率、时间分辨率不断提高。仅从陆地卫星系列来看,20 世纪 70 年代初美国发射的陆地卫星——多光谱扫描仪(multispectral scanner,MSS)有 4 个波段,其平均光谱分辨率为 150 nm,空间分辨率为 80 m,重复覆盖周期为 16~18 天;80 年代的 TM 卫星增加到 7 个波段,在可见光到近红外范围的平均光谱分辨率为 137 nm,空间分辨率增加到 30 m;2000 年后,出现增强型 TM 卫星,其全色波段空间分辨率可达 15 m。法国 SPOT-4 卫星多光谱波段的平均光谱分辨率为 87 nm,空间分辨率为 20 m,重复周期为 26 天;SPOT-5 卫星的空间分辨率最高可达 2.5 m,重复覆盖周期提高到 1~5 天。1999 年发射的中巴地球资源卫星(CBERS)是我国第二

颗资源卫星，其最高空间分辨率达 19.5 m，重复覆盖周期为 26 天。1999 年发射的美国 IKONOS-2 卫星可获得 4 个波段 4 m 空间分辨率的多光谱数据和 1个波段 1 m 空间分辨率的全色数据。IKONOS-2 卫星发射后，又出现了空间分辨率更高的快鸟（QuickBird）和 WorldView-3 等卫星，其最高空间分辨率分别可达 0.61 m 和 0.31 m。

③ 高光谱遥感技术的兴起。20 世纪 80 年代遥感技术的最大成就之一是高光谱遥感技术的兴起。第一代航空成像光谱仪以 AIS-1 和 AIS-2 为代表，光谱分辨率分别为 9.3 nm 和 10.6 nm。1987 年，第二代高光谱成像仪问世，即美国国家航空航天局（national aeronautics and space administration，NASA）研制的航空可见光/红外成像光谱仪，其光谱分辨率为 10 nm；卫星EOS-AM1（Terra）上的中分辨率成像光谱仪（MODIS）具有 36 个波段。如今卫星的高光谱分辨率可达到 10 nm，波段几百个，如在轨的美国 EO-1 高光谱遥感卫星上的 Hyperion 传感器，具有 242 个波段，光谱分辨率为 10 nm。我国"九五"期间研制的航空成像光谱仪为 128 个波段，2000 年后研制的环境减灾小卫星与天宫一号的高光谱成像仪也达到了 128 个波段。

进入 21 世纪，我国遥感技术与应用的发展，在某些方面已处于世界领先水平。2012 年 1 月 9 日，我国首颗国产民用光学立体测绘卫星资源三号 01星成功发射，代表我国具备了 1∶5 万～1∶2.5 万比例尺基础地理信息数据自主获取及更新的能力，打破了民用航天测绘业务长期依赖国外商业遥感卫星数据的局面。为保持测绘卫星数据源的连续、稳定，2012 年出台的《测绘地理信息科技发展"十二五"规划》提出研制和发射包括光学、雷达、激光、重力四种类型在内的多颗测绘卫星，形成种类齐全、功能完整的测绘卫星体系。通过建设由高分辨率光学立体测图卫星、干涉雷达卫星、激光测高卫星、重力卫星等不同卫星有机组成的测绘卫星系列，我国将逐步满足全球 1∶5 万～1∶5 000 等比例尺制图对数据获取和立体成像的需求。特别是资源三号、天绘一号、高分一号、高分二号等国产中高分辨率遥感卫星的投入使用（表 1-1），使得卫星图像获取能力大大增强，可基本实现优于 2.5 m 图像对国土面积的年度全覆盖。

整体来说，我国已经建立和完善了卫星对地观测体系。国产民用陆地观测卫星数据由最初单一的中国-巴西地球资源卫星图像获取方式，发展到现在的中国-巴西地球资源系列卫星、环境减灾卫星、测绘立体卫星等综合获取方式；传感器的研制从最初仅有的光学多光谱、低空间分辨率传感器，发展到目前的高空间分辨率、高时间分辨率、高辐射分辨率、宽视场多角度、雷达等多种传感器共存的格局。

表 1-1　国内部分高分辨率光学遥感卫星主要技术指标

卫星名称	发射时间	类型	波段数	分辨率/m	重访/天	幅宽/km
资源一号 02B	2007 年	全色	1	20	26	113
		多光谱	4			
		全色	1	2.36	1.04	27
		多光谱	2	258	5	890
天绘一号 01 星、02 星	2010 年	全色	1	2	58	60
	2012 年	全色	3	5		
		多光谱	4	10		
资源一号 02 号	2011 年	全色	1	2.36	3～5	54
		全色	1	5		60
		多光谱	3	10		
资源三号	2012 年	全色	1	2.1	5	50
		全色	2	3.5		52
		多光谱	4	5.8		51
		多光谱	4	10		30
高分一号	2013 年	全色	1	2	4	60
		多光谱	4	8		60
		多光谱	4	16		800
高分二号	2014 年	全色	1	1	5	45
		多光谱	4	4		45

　　遥感信息处理最早为光学图像处理,后来发展成为遥感数字图像处理。1963 年,加拿大测量学家汤姆林森博士提出把常规地图变成数学形式的设想,可以看成是数字图像的启蒙;到 1972 年,随着美国陆地卫星的发射,遥感数字图像处理技术才真正地得到重视。随着遥感信息获取技术、计算机技术、数学基础科学等的进步,遥感图像处理技术也获得了长足的发展,主要表现在图像的校正与恢复、图像增强、图像分类、数据复合与 GIS 综合、高光谱图像分析、生物物理建模、图像传输与压缩等方面。其中,图像的校正与恢复的方法已经比较成熟。图像增强方面目前已发展了一些软件化的实用处理方法,包括辐射增强、空间域增强、频率域增强、彩色增强、多光谱增强等。图像分类

是遥感图像处理定量化和智能化发展的主要方面,目前比较成熟的分类方法是基于光谱统计分析的方法,如监督分类和非监督分类。为了提高基于光谱统计分析的分类精度和准确性,出现了一些光谱特征分类的辅助处理技术,如上下文分析方法、基于地形信息的计算机分类处理、辅以纹理特征的光谱特征分类法等。近几年,出现了一些遥感图像计算机分类的新方法,如神经网络分类器、基于小波分析的遥感图像分类法、模糊聚类法、树分类器、专家系统方法等。在高光谱遥感信息处理方面,也出现了许多处理方法,如光谱微分技术、光谱匹配技术、混合光谱分解技术、光谱分类技术、光谱维特征提取方法等,这些方法均已在高光谱图像处理中得到应用。

二、遥感技术的趋势

当今,遥感技术已经发生了根本的变化,主要表现在遥感平台、传感器、遥感的基础研究和应用等领域。现代遥感技术已经进入一个能动态、快速、多平台、多时相、高分辨率地提供对地观测数据的新时代。目前,国内外遥感的发展主要向以下方面深化:

① 遥感应用不断深化。在遥感应用深度不断延伸和广度不断扩展的情况下,遥感应用领域的开拓、遥感应用成套技术的进步,以及地球系统的全球综合研究等成为当前遥感发展的又一动向。其具体表现为,从单一信息源(或单一传感器)的信息(或数据)分析向多种信息源的信息(包括非遥感信息)复合及综合分析应用发展;从静态分析研究向多时相的动态研究及预测预报发展;从定性分析向定量分析发展;从对地球局部地区及其各组成部分的专题研究向地球系统的全球综合研究发展。

② 高光谱遥感。高光谱遥感是高光谱分辨率遥感的简称,是在电磁波谱的可见光、近红外、中红外和热红外波段范围内,获取许多非常窄的、光谱连续的图像数据的技术。其成像光谱仪可以收集到上百个非常窄的光谱波段信息。高光谱遥感是当前遥感技术的前沿领域,它利用很多很窄的电磁波波段从感兴趣的物体获得有关数据,包含了丰富的空间、辐射和光谱三重信息。高光谱遥感的出现是遥感界的一场革命,它使本来在宽波段遥感中不可探测的物质,现在能被探测。

③ 微波遥感。微波遥感(如合成孔径雷达等)是当前遥感科学技术发展的重点方向之一,其全天候、穿透性和纹理特征是其他遥感所不具备的。这些特点对解决我国海况监测、恶劣气象条件下的灾害监测,以及冰雪覆盖区、云雾覆盖区、松散掩盖区等国土资源勘查将有重大作用。微波遥感将进一步体

现为多极化技术、多波段技术和多工作模式。

④ 小卫星星座计划。小卫星是指质量小于 500 kg 的小型近地轨道卫星,其空间分辨率可高于 1 m。由于其研制和发射成本低,近年来发展非常迅速。为协调时间分辨率和空间分辨率这对矛盾,小卫星群将成为现代遥感的另一发展趋势。例如,可用 6 颗小卫星在 2～3 天完成一次对地重复观测,获得高于 1 m 的高分辨率数据。

⑤ 商业遥感时代的到来。随着卫星遥感的兴起、计算机与通信技术的进步及各时期军事情报部门的需要,数字成像技术有了极大的提高。各主要航天大国相继研制出各种以对地观测为目的的遥感卫星,并逐步向商用转移。因此,国际上商业卫星遥感系统迅速兴起,产业界特别是私营企业直接参与或独立进行遥感卫星的研制、发射和运行,甚至提供端对端的服务,这也是目前遥感发展的一大趋势。

联合国制定的有关政策在一定程度上鼓励了卫星公司制造商业高分辨率地球观测卫星的计划,这类卫星多为私营公司拥有,其空间分辨率为 1～5 m,如美国的 IKONOS 系列、QuickBird 系列、OrbView 系列和以色列的 EROS 系列等。商业卫星遥感系统的特点是以应用为导向,强调采用实用技术系统和市场运行机制,注重配套服务和经济效益,成为非常重要的遥感信息的补充。

同时,商用小型地球观测卫星计划正在实施之中,这种小卫星具有灵活的指向能力,可以获取高空间分辨率的图像并快速传回到地面,它投资小、研制周期短,备受重视。

除此之外,车载和机载遥感平台及超低无人机载平台等多种遥感技术与卫星遥感技术相结合,将使遥感技术应用呈现一幅五彩缤纷的景象。

总之,遥感技术越来越受到各国的重视,各国的空间发展计划表明,世界遥感技术发展迅猛,新的传感器将使遥感技术应用的领域进一步拓宽、监测精度不断提高,新的遥感处理软件将使科技人员的工作效率大大提高、综合使用各种遥感资料变成可能,人们对遥感技术的重视程度也会进一步提高,遥感技术将得到更广泛的应用。

第二章　遥感物理基础

　　遥感之所以能够根据收集到的电磁波来判断地物目标和自然现象,是因为地面物体由于其种类、特征和所处环境条件不同,具有完全不同的电磁波反射和辐射特性。因此,遥感探测技术是建立在物体反射和辐射电磁波的原理之上的。要深入学习遥感传感器原理,首先要掌握电磁波与地表的相互作用原理。

第一节　可见光/近红外电磁波与地表的作用

　　由于地物在可见光($0.3\sim0.7$ μm)、近红外($0.7\sim1.1$ μm)和短波红外($1.1\sim3$ μm)波段以反射电磁波为主,因此本书将波长范围在 $0.3\sim3$ μm 的电磁波统称为可见光/近红外波段。可见光/近红外波段是遥感探测地球表面时最为常用的波段,部分原因是因为在这些波段,太阳光可以达到最强照度,大多数广泛使用的探测器也有最强的响应。传感器探测到地球表面反射的电磁波,然后测量其在不同波段的强度,通过对比反射波与入射波的辐射和光谱特性可以得到地表反射率,用于分析地表的化学和物理特性。地球表面物质的化学组成和晶体结构对反射率有一定影响,因为其分子和电子的运动过程控制着电磁波与物质之间的相互作用。此外,地表的物理特性如粗糙度和倾角等也影响着反射率,这主要受太阳、地表及传感器之间相对几何因素的影响。

一、辐射源及其特性

　　最广泛的可见光/近红外波段的光源是太阳,简单来说,太阳像 6 000 K 温度的黑体一样发射能量,到达地球表面的太阳光谱辐照度如图 2-1 所示,太阳在地球大气层顶总的辐照度约为 1 370 W/m^2。

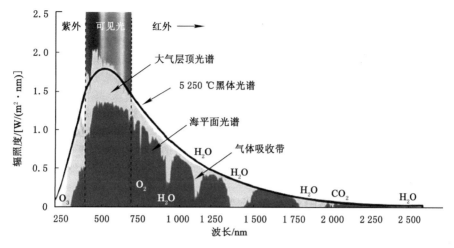

图 2-1　地球表面太阳辐照度曲线

　　太阳光发射的电磁波穿过地球大气层,与大气组成成分相互作用,导致特定的波段被吸收,吸收波段取决于大气的化学组成成分,例如在近红外范围内,特别是在 1.9 μm、1.4 μm、1.12 μm、0.95 μm 和 0.76 μm 左右存在大气强吸收波段,这主要是由于水汽(H_2O)、二氧化碳(CO_2)和较小程度上氧气(O_2)的存在。散射和吸收还导致了光谱上整体的衰减。此外,在可见光/近红外遥感中,影响到达地表辐射能量大小的两个重要因素是太阳、被观测地表和传感器的相对位置,由于地球旋转轴与黄道面的倾斜角,太阳在地球天空中的位置与季节和被照亮地区的纬度呈函数关系,这种观测几何关系的变化也影响到达地表的太阳辐射。

　　除了太阳,高功率的激光也是主动遥感中常被使用的光源。这一光源有很多优点,包括可控的光照角度、可控的光照时间和高功率、窄波段等。但其缺点是缺乏瞬时高光谱覆盖,轨道运行激光源所需的重量和功率消耗较大等,因此在实际应用中这些优点和缺点需要进行权衡。

二、电磁波与地表的作用机制

　　当电磁波到达两种介质交界面时,将会发生反射、散射和透射现象,当电磁波透射进入非均匀介质内部,还将发生介质体散射和吸收,当电磁波被物质吸收,则会引起物质分子共振和电子跃迁,从而形成吸收特征谱线。

　　电磁波与固体物质相互作用,有许多机制会影响返回的电磁波,有些机制作用在光谱区的窄波长范围上,而有些则作用在宽波段。窄波段的相互作用机制通常伴随着分子共振作用和电子作用,从而产生特征谱线以及谱线位移、谱线变宽等现象,这些机制主要受晶体结构的影响。发生在宽谱段的作用机制通常与影响材料折射率的非共振电子作用相关联,这些相互作用机制见表 2-1,并将在本节进行详细介绍。

表 2-1 固体地表与电磁波的作用机制

一般物理机制	特定机制	举例
几何和物理光学	含色散的折射	彩虹、棱镜
	散射	蓝色的天空、粗糙的地表
	反射、折射和干涉	镜子、光亮的表面、水面的浊膜、镜头的涂层
	衍射	光栅
分子振动作用	分子振动	H_2O、铝氧键化合物、硅氧键化合物
	离子振动	羟基离子(—OH)
电子作用	晶体场效应	色素、荧光材料、红宝石、红砂岩
	电荷转移	磁铁矿、蓝宝石
	共轭键	有机染料、植物
	能隙带跃迁	金属、半导体材料(硅、朱砂矿、钻石)

1. 反射、散射和透射

当电磁波入射到两种介质的交界面时(在遥感中,通常其中一个介质是大气),一些能量会沿着镜面方向被反射,一些会被散射到入射介质的各个方向,另一些则可以穿过交界面进入介质内部(图 2-2),透过的电磁波能量会被疏松的物质所吸收,或者通过电子或分子热运动再次被辐射或散射。

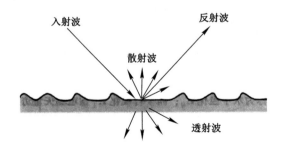

图 2-2 地表电磁波的反射、散射和透射

（1）光滑交界面上的镜面反射

当交界面相对于入射波波长 λ 是光滑的（λ≫交界面的粗糙度），由斯涅耳定理可知会发生镜面反射。设入射角和反射角为 θ_1、折射角为 θ_2，如图 2-3 所示，则满足：

$$n_1 \sin \theta_1 = n_2 \sin \theta_2 \tag{2-1}$$

式中，n_1、n_2 为介质 1 和介质 2 的折射率，一般情况下折射率为复数，即 $n = m - ik$，m、k 分别为折射率的实部与虚部。

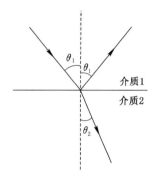

图 2-3　镜面反射和折射

定义反射系数 r 为反射波电场强度矢量振幅与入射波电场强度矢量振幅之比，透射系数 t 为透射波电场强度矢量振幅与入射波电场强度矢量振幅之比。r、t 往往受入射电磁波极化的影响，为考察它们的值，分别求取平行极化"∥"和垂直极化"⊥"入射电磁波下的反射系数和透射系数，而其他极化入射电磁波的反射系数和透射系数可通过正交分量的线性叠加得到，如图 2-4 所示。

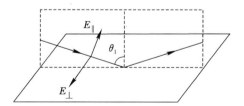

图 2-4　两种介质平面边界上的平行和垂直极化电磁辐射入射和反射

垂直极化 $E_\perp$ 指电场矢量方向与入射平面垂直，在遥感应用中，此时的电场矢量方向与大地平行，因此又称为水平极化 E_H；而平行极化 $E_\parallel$ 指电场矢量方向与入射面平行,在遥感应用中又被称为垂直极化 E_V(除非特殊说明,本书采用物理学中的称呼)。假设介质 1 和介质 2 材料同质,则平行极化电磁波入射将得到平行极化的反射和透射电磁波,垂直极化波也是如此。假设介质的本征阻抗为 $Z = \sqrt{\dfrac{\mu_0 \mu_r}{\varepsilon_0 \varepsilon_r}} = \sqrt{\dfrac{\mu_r}{\varepsilon_r}}$,$\mu_0$,$\varepsilon_0$ 分别为真空磁导率和真空电容率常数,μ_r,ε_r 分别为介质的相对磁导率和相对电容率。相对电容率 ε_r 又称为介电常数,它一般为复数,即 $\varepsilon_r = \varepsilon' - i\varepsilon''$,它与介质的折射率满足关系 $n = \sqrt{\mu_r \varepsilon_r}$。根据电磁场与电磁波理论,通过求解麦克斯韦方程组,可得到两种极化波的反射系数和透射系数:

$$r_\perp = \frac{Z_2 \cos\theta_1 - Z_1 \cos\theta_2}{Z_2 \cos\theta_1 + Z_1 \cos\theta_2}, t_\perp = \frac{2Z_2 \cos\theta_1}{Z_2 \cos\theta_1 + Z_1 \cos\theta_2} \tag{2-2}$$

$$r_\parallel = \frac{Z_2 \cos\theta_2 - Z_1 \cos\theta_1}{Z_2 \cos\theta_2 + Z_1 \cos\theta_1}, t_\parallel = \frac{2Z_2 \cos\theta_1}{Z_2 \cos\theta_2 + Z_1 \cos\theta_1} \tag{2-3}$$

假设介质 1、2 为非磁性物质,$\mu_{r1} = \mu_{r2} = 1$,介质 1 为空气且接近真空,有 $\varepsilon_{r1} = 1$,此时 $Z_1 = Z_0/n_1$,$Z_2 = Z_0/n_2$,利用式(2-1),计算得到用折射率 n_1($n_1 = 1$)、n_2 和入射角 θ_1 表达的菲涅耳反射系数:

$$r_\perp = \frac{n_1 \cos\theta_1 - n_2 \cos\theta_2}{n_1 \cos\theta_1 + n_2 \cos\theta_2} = \frac{\cos\theta_1 - \sqrt{n_2^2 - \sin^2\theta_1}}{\cos\theta_1 + \sqrt{n_2^2 - \sin^2\theta_1}} \tag{2-4}$$

$$r_\parallel = \frac{n_1 \cos\theta_2 - n_2 \cos\theta_1}{n_1 \cos\theta_2 + n_2 \cos\theta_1} = \frac{\sqrt{n_2^2 - \sin^2\theta_1} - n_2^2 \cos\theta_1}{\sqrt{n_2^2 - \sin^2\theta_1} + n_2^2 \cos\theta_1} \tag{2-5}$$

由式(2-5)可以看出,当 $\sin\theta_1 = n_2 \cos\theta_1$ 时,分子为 0,$r_\parallel = 0$,此时 $\tan\theta_B = n_2$,入射角 θ_B 称为布儒斯特角,此时平行极化电磁波的反射系数为 0,光线进行全透射传输。

当光线垂直入射时,$\theta_1 = \theta_2 = 0$,此时的反射系数为:

$$r_\perp = r_\parallel = \frac{n_1 - n_2}{n_1 + n_2} = \frac{1 - n_2}{1 + n_2} \tag{2-6}$$

该值往往为复数。假如定义反射率 R 和透射率 T 分别为反射光强、透射光强与入射光强的比值,则根据电磁波强度与振幅的平方成正比,因此强度比为振幅比的平方:

$$R = |r|^2, T = |t|^2 \tag{2-7}$$

平行极化和垂直极化电磁波在介质 1(空气,$n_1 = 1$)和介质 2($n_2 = 3$ 和 $n_2 = 8$)交界面的反射率变化曲线如图 2-5 所示。从图 2-5 中可以看出,从空气进入介质时表面反射率与介质的折射率、电磁波的极化类型以及入射角有关。垂直极化波的反射率随入射角的增加而增大,且介质折射率越大、反射率越大,而平行极化波的反射率在光线垂直入射时最大,且随着入射角的增加而减小,当入射角增大至布儒斯特角时,反射率为 0,平行极化波的反射率也和介质折射率有关,介质折射率越大,反射率越大。而当光线垂直入射介质时,平行极化波和垂直极化波反射率相等,且随介质折射率的增大而增大。

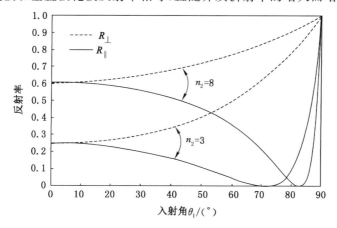

虚线为垂直极化;实线为平行极化。

图 2-5　电磁波在不同折射率介质交界面的反射率变化曲线

（2）粗糙交界面的散射

事实上,大多数自然地表与空气的交界面相对波长来说是粗糙的,因此,界面散射起着主要作用。如图 2-6 所示,一束准直的辐射光线入射界面,辐射通量密度为 $F(\text{W}/\text{m}^2)$,入射天顶角为 θ_0,界面对一定比例的入射光进行了散射,散射张开的立体角为 $\text{d}\Omega_1$,散射光的天顶角为 θ_1,另外入射和散射的方位角分别为 φ_0、φ_1（图 2-6 为简化示意图,方位角未在图中标出）,则入射辐射的辐照度为 $E = F\cos\theta_0(\text{W}/\text{m}^2)$,设散射辐亮度为 $L_1(\theta_1,\varphi_1)[\text{W}/(\text{m}^2\cdot\text{sr})]$,可定义二向反射率分布函数 BRDF（bidirectional reflectance distribution function）来表达某方向 (θ_1,φ_1) 上的散射辐亮度 L_1 与某方向 (θ_0,φ_0) 上的入射辐照度 E 的比值：

$$R_{\text{BRDF}}(\theta_0,\varphi_0,\theta_1,\varphi_1) = \frac{L_1}{E} \tag{2-8}$$

式中,R_{BRDF} 为无量纲量,其单位为 sr^{-1}。有时 R_{BRDF} 也可用 ρ 表示,它是入射角 θ_0 和散射角 θ_1 的函数。

发生界面散射时,反射率 $r(\theta_0,\varphi_0)$ 定义为半球上总的出射辐照度与某方

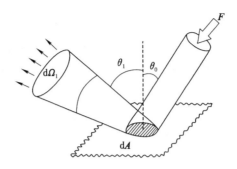

图 2-6　粗糙交界面的入射和观测示意图

向 (θ_0, φ_0) 入射辐照度的比值(无量纲):

$$r(\theta_0, \varphi_0) = \frac{M}{E} \tag{2-9}$$

又因为出射辐照度 M 与辐亮度 L_1 的关系为:

$$M = \int_{\theta_1=0}^{\pi/2} \int_{\varphi_1=0}^{2\pi} L_1(\theta_1, \varphi_1) \cos\theta_1 \sin\theta_1 \mathrm{d}\theta_1 \mathrm{d}\varphi_1 \tag{2-10}$$

则有:

$$r(\theta_0, \varphi_0) = \int_{\theta_1=0}^{\pi/2} \int_{\varphi_1=0}^{2\pi} R_{\mathrm{BRDF}}(\theta_0, \varphi_0, \theta_1, \varphi_1) \cos\theta_1 \sin\theta_1 \mathrm{d}\theta_1 \mathrm{d}\varphi_1 \tag{2-11}$$

因此,反射率是入射方向的函数,它定义了散射的半球辐射通量与某方向上的入射辐射通量之比。定义半球反照率 r_{d} 为 r 在入射方向的半球上的平均值,它表示总体散射的辐射通量与各向同性分布的总入射辐射通量之比:

$$r_{\mathrm{d}} = \frac{1}{\pi} \int_{\theta_0=0}^{\pi/2} \int_{\varphi_0=0}^{2\pi} r(\theta_0, \varphi_0) \cos\theta_0 \sin\theta_0 \mathrm{d}\theta_0 \mathrm{d}\varphi_0 \tag{2-12}$$

镜面反射可看作表面散射的一种极端情况,在表面非常光滑时出现。另一个重要的极端情况是理想的粗糙表面,此时产生朗伯散射,表面称为朗伯体。朗伯体对于垂直入射的均匀辐射,散射的辐射通量是各向同性的,因此BRDF 具有恒定的值,对式(2-11)进行计算得到反射率:

$$r(\theta_0, \varphi_0) = \pi R_{\mathrm{BRDF}} = r_{\mathrm{d}} \tag{2-13}$$

对于通常情况下的自然表面,R_{BRDF} 由经验公式得到,Minnaert 模型就是这样一个经验公式:

$$R_{\mathrm{BRDF}} \propto (\cos\theta_0 \cos\theta_1)^{k-1} \tag{2-14}$$

式中,k 为参量,表示散射发生在法线方向上的程度。

（3）地表粗糙度的 Rayleigh 准则

完全光滑的地表用镜面反射来描述，而理想中完全粗糙的地表对入射电磁波向各个方向均匀散射由朗伯体散射描述。

图 2-7 给出了当电磁波以 θ_0 入射在不规则表面上，且以相同角度 θ_0 从其镜面方向散射时的情况，考虑两条光线，一条是从参考平面（图中横实线）上射出的，另一条是在该参考平面上方高度为 Δh 的平面射出的。散射后这两条光线之间的路程差为 $2\Delta h \cos \theta_0$，因此它们之间的相位差为：

$$\Delta p = \frac{2\pi}{\lambda} \cdot 2\Delta h \cos \theta_0 = \frac{4\pi \Delta h \cos \theta_0}{\lambda} \tag{2-15}$$

式中，λ 为波长。假如 Δh 代表地表高度变化的均方差，则 Δp 表示散射电磁波相位变化的均方差。Rayleigh 准则认为当 $\Delta p < \frac{\pi}{2}$ 时，地表是光滑的，满足镜面反射条件，此时：

$$\Delta h < \frac{\lambda}{8\cos \theta_0} \tag{2-16}$$

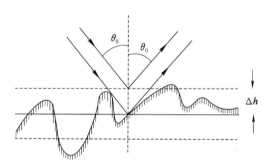

图 2-7　地表粗糙度 Rayleigh 准则

式（2-16）表明，当光线垂直入射（$\theta_0 = 0°$），即当不规则表面的平均起伏小于约 $\lambda/8$ 时，该表面可被认为是光滑镜面，因此，在光学波长 $\lambda = 0.5~\mu m$ 能够产生镜面反射的表面，其 Δh 须小于约 $60~nm$，这是仅在某些人造物体表面如玻璃板或金属板中才可能满足的光滑条件。如果使用超高频无线电波（$\lambda \approx 3~m$）探测地表，则 Δh 仅需小于约 $40~cm$，此时许多自然表面都可以满足条件。式（2-16）还表明，地表光滑与否依赖于观测角 θ_0，光滑度标准在较大 θ_0 值处比在垂直观测时（$\theta_0 = 0°$）更容易满足，这使得一般粗糙的表面在倾斜光照射和观测时可能表现出镜面反射的现象。比如，在普通路面上可观察到来自低太阳角度照射(如傍晚)的镜面反射强光,虽然在这种情况下的散射不能真正地描述为镜面反射,但是镜面反射方向上的 BRDF 分量会大大增强。

(4) 非匀质介质内部的体散射

除了介质交界面上发生的反射和散射,当界面透过率不为 0 时,总有一些电磁波能量会从介质 1 进入介质 2 中,若介质 2 非匀质,此时在介质 2 中将发生体散射和体吸收。对体散射机制的详细描述需要麦克斯韦方程组的严密解,包括多次散射,这通常很复杂且需要许多化简技巧和经验假设,这里仅进行初步的定性分析。

如图 2-8 所示,设辐射通量密度为 $F(\mathrm{W/m^2})$ 的电磁波沿轴方向传输,假设介质由三个相邻的平行层组成,每层厚度为 Δz,用 F_+、F_- 表示在 $+z$ 和 $-z$ 两个方向上传输的辐射通量密度,当辐射能量到达某层介质中,其中,$\gamma_a \Delta z$、$\gamma_s \Delta z$ 分别为吸收系数和散射系数,表示辐射通量在单位路径中被吸收和散射的比例,假设所有的散射都为后向散射,当忽略交界面上的反射,只考虑介质内部的体吸收和体散射时,有:

$$\frac{\mathrm{d}F_+}{\mathrm{d}z} = -(\gamma_a + \gamma_s)F_+ + \gamma_s F_- \tag{2-17}$$

$$\frac{\mathrm{d}F_-}{\mathrm{d}z} = -(\gamma_a + \gamma_s)F_- + \gamma_s F_+ \tag{2-18}$$

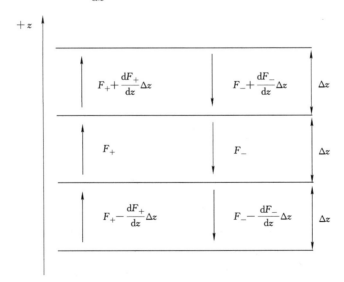

图 2-8　三个厚度为 Δz 的平行层介质内部电磁能量的传输图

式(2-17)表示沿＋z轴方向传输的辐射能量,一部分因为介质的吸收和散射而衰减,一部分因为反向传输辐射能量的后向散射而增加。前向传输辐射能量由于吸收和散射造成的辐射衰减,常用消隐系数来表达:$\gamma_e = \gamma_a + \gamma_s$。反向辐射传输式(2-18)与此类似。

为研究式(2-17)和式(2-18)所表达的体散射和体吸收的物理特性,考察一种特殊情况(图2-9),假设一种无限厚度的介质1与空气交界,辐射传输方向沿介质法线方向,假设空气与介质交界面上的反射系数为0,只考虑介质内的体吸收和体散射,进一步假设微分方程的边界条件为 $F_-(0) = 1$,$F_-(-\infty) = F_+(-\infty) = 0$,即入射辐射为单位辐射通量,在介质1的无限厚度处辐射通量为0,此时,式(2-17)、式(2-18)的解为:

$$F_-(z) = \exp(\mu z) \tag{2-19}$$

$$F_+(z) = \frac{\gamma_a + \gamma_s - \mu}{\gamma_s} \exp(\mu z) \tag{2-20}$$

$$\mu = \sqrt{\gamma_a^2 + 2\gamma_a \gamma_s} \tag{2-21}$$

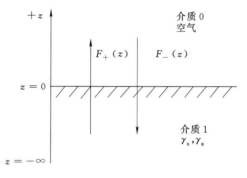

图2-9　与空气交界的无限厚度介质中的体散射和体吸收

则介质1的能量反射率为:

$$R = \frac{F_+(0)}{F_-(0)} = \frac{\gamma_a + \gamma_s - \sqrt{\gamma_a^2 + 2\gamma_a \gamma_s}}{\gamma_s} \tag{2-22}$$

该式表明体散射介质的反射率决定于介质散射系数 γ_s 与吸收系数 γ_a 的比值。图2-10显示了反射率与 γ_s/γ_a 的关系。

从图2-10中可以看出,当辐射进入介质中发生体散射时,整体反射率和 γ_s/γ_a 相关,当介质散射系数远大于吸收系数时,反射率较大;反之,当介质吸收系数占主导时,反射率较小。γ_s 与组成介质的物质颗粒大小、介质折射率等

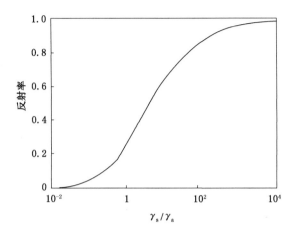

图 2-10   发生体散射时整体反射率变化曲线(一维模型)

因素相关,这可用于解释为何许多细碎的物质如雪、云和盐为白色。例如,1 m 厚的纯冰光学吸收和散射很小,因此光线透过使其总体呈透明,而碎成平均 1 mm 截面的雪颗粒之后,其在可见光波段的体散射系数大大增强,而吸收系数仍然很小,因此反射率增加,使得雪呈现白色。

图 2-11 所示为体散射物质的反射率光谱曲线。由于散射远强于吸收,大部分波段下的物质反射率都接近 1,而在吸收波段 λ_0 处,物质吸收能力占主导,形成了反射率减小的吸收特征谱段。

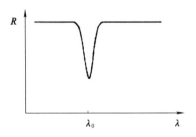

图 2-11   体散射物质的反射率光谱曲线

需要注意的是,式(2-17)和式(2-18)中假设散射为后向散射,因此可用轴方向的一维微分方程来表示,而实际体散射发生在各个方向,此时需要建立辐射通量的三维微分方程来求解反射率,关于此内容本书不再做深入探讨。

2. 分子振动

除了被反射和散射,电磁波还能被介质所吸收,当物质吸收电磁波,将会引起分子振动。分子的振动作用是指组成分子的原子在它们平衡位置发生的小位移,一个由 N 个原子组成的分子有 $3N$ 种可能的运动方式,因为每个原子都有 3 个自由度。这些运动方式中,3 种构成整个分子的平移、3 种构成整个分子的旋转,共有 $(3N-6)$ 种独立的运动模式。每种运动模式都可产生多个能量等级,能级由下式给出:

$$E = (n_1 + 1/2) h\nu_1 + \cdots + (n_i + 1/2) h\nu_i + \cdots + (n_{3N-6} + 1/2) h\nu_{3N-6}$$
(2-23)

式中, $(n_i+1/2) h\nu_i$ 是第 i 种振动模式的能级; n_i 是振荡量子数($n_i=0$,1,…); h 为普朗克常量; ν_i 为第 i 种振动模式的频率。一个物质的能级数量和值取决于其分子结构,如组成原子的数量和类型、分子几何结构以及化学键的强度等。

　　从基态(所有的 $n_i=0$)到只有一个 $n_i=1$ 的状态的变换叫作基音,对应的频率为 $\nu_1,\nu_2,\cdots,\nu_i,\cdots$,这通常在远到中红外($>3~\mu m$)发生。从基态到只有一个 $n_i=2$ (或者多个整数)的状态的变换叫作泛音,对应的频率为 $2\nu_1$,$2\nu_2,\cdots$ (或者更高阶的泛音)。其他的变换叫作复合音,它结合了基音和泛音变换,对应的频率为 $l\nu_1$ 、$m\nu_2$, l 和 m 为整数,由泛音和复合音产生的特征波长范围通常为 $1\sim5~\mu m$ 。

　　以液态水分子(图 2-12)的情况作为例子,它由 3 个原子组成($N=3$),且具有 3 个基音频率 ν_1 、ν_2 、ν_3 ,对应着 3 种分子振动模式:对称伸缩、剪式振动和非对称伸缩,产生的吸收波长为 $\lambda_1=3.106~\mu m$, $\lambda_2=6.08~\mu m$, $\lambda_3=2.903~\mu m$ 。最低阶的泛音对应频率 $2\nu_1$ 、$2\nu_2$ 和 $2\nu_3$,相应波长为 $\lambda_1/2$ 、$\lambda_2/2$ 和 $\lambda_3/2$ 。一个复合音的例子是 $\nu=\nu_2+\nu_3$,其波长由下式给出:

$$\frac{1}{\lambda} = \frac{1}{\lambda_2} + \frac{1}{\lambda_3} \rightarrow \lambda = 1.96~\mu m$$
(2-24)

　　另一个复合音频率为 $\nu'=2\nu_1+\nu_3$,对应波长为 $\lambda'=1.01~\mu m$ 。

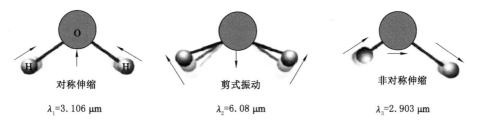

对称伸缩　　　　　　　　剪式振动　　　　　　　　非对称伸缩

$\lambda_1=3.106~\mu m$ 　　　　　$\lambda_2=6.08~\mu m$ 　　　　　$\lambda_3=2.903~\mu m$

图 2-12　液态水分子的三种基本振动模式

　　因此,在矿物质和岩石的光谱中,只要有水分子存在,两个吸收波段就会显现:一个在 1.45 μm 附近(因为 $2\nu_3$),另一个在 1.9 μm 附近(因为 $\nu_2+\nu_3$)。这些波段可以很窄,表示水分子处于分子结构中有序的位置,或者这些波段很宽,表示水分子占据了无序的或者许多不平衡的位置。波谱段的具体位置和表现给出了水分子与各种无机物间结合方式的具体信息。图 2-13 通过展示各种含水物质的光谱曲线阐述了这种作用,$2\nu_3$ 和 $\nu_2+\nu_3$ 被清楚地展示出来,变化的确切位置和光谱形状也可以清楚地看出。

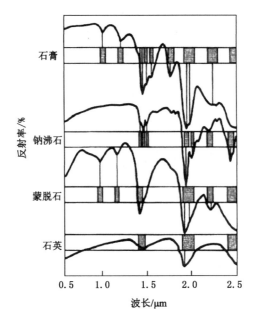

图 2-13　含水矿物质的光谱曲线

　　硅氧、镁氧和铝氧化合物的基本振动模式都发生在 10 μm 附近或者更长的波长处,由于无法观测到 5 μm 附近的一阶泛音,所以发生在近红外区域的高阶泛音更难被探测到。能够在近红外波段中观测到泛音特征频率的物质材料通常具有非常高的基音频率,只有少数几类材料满足这个条件,其中遥感中最常见的就是羟基离子(—OH)的伸缩振动。

　　羟基离子经常出现在无机固体中,它的基本伸缩模式发生在 2.77 μm 附近,确切位置依赖于羟基离子和它依附原子的位置。在某些情况下,光谱特征会加倍,表示—OH 处于两个稍有不同的位置或者附着在两种不同的矿物质元素上。Al—OH 和 Mg—OH 的弯曲振动模式分别发生在波长 2.2 μm 处和

2.3 μm 处。—OH 的第一个泛音(1.4 μm 附近的 2ν)是地表物质在近红外波段最常见的特征表现。图 2-14 给出了含羟基材料光谱的例子。

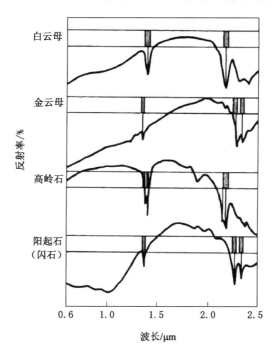

图 2-14 不同矿物质中羟基的特征光谱:1.4 μm 的泛音振动和 2.3 μm 的合音振动

3. 电子作用

电磁波被物质吸收还将发生电子作用。根据量子力学知识,原子核外电子只能占据一定的量子化轨道和一定的能级,而电子作用与电子能级跃迁有关。与遥感相关最重要的电子作用包括晶体场效应、电荷转移、共轭键、能隙带物质的电子跃迁等。

(1) 晶体场效应

物质分子内部相邻原子的结合使得价电子能级状态发生改变,在一个独立的原子中,往往为单数的价电子较易吸收能量发生能级跃迁,从而形成物质颜色。在很多固体中,相邻原子的价电子形成电子对组成化学键,从而使原子聚集在一起,由于相对稳定的共价键结构,所以价电子的吸收波段通常移动到高能量的紫外线区域。对于过渡金属元素,如铁、铬、铜、镍、钴和锰,原子内部存在仅部分电子填充的内壳层,这些未填充的内壳容纳未配对的电子,从而容易激发出可见光谱,这些状态受包围原子的电子场的强烈影响,而电子场由周围的晶体结构决定,晶体电子场的不同能级排布导致相同的离子出现不同的光谱。然而,所有可能的能级跃迁发生的强烈程度并不相同,允许发生的跃迁由选择规则决定,典型例子就是红宝石和绿宝石。

构成红宝石的基本物质是金刚砂和铝氧化物(Al_2O_3),其中百分之几的铝离子被杂质铬离子(Cr^{3+})取代。每个铬离子最外层有三个未配对电子,它们的最小能级是称为$4A_2$的基态和一系列激发态,激发态的确切位置由离子所在的晶体电子场所决定,场的对称性和强度是由铬离子和它们的自然属性决定的。处于可见光范围内有三个激发态($2E$、$4T_1$和$4T_2$),选择规则禁止从$4A_2$到$2E$的直接跃迁,但是允许跃迁到$4T_1$和$4T_2$(图2-15),与这些跃迁相关的能量对应于光谱中紫色和黄/绿色区域的波长,因此,当白光穿过红宝石,呈现出深红色(紫色、黄/绿色被吸收)。又因为选择规则,不稳定的高能级电子只能通过$2E$能级由$4T_1$回落到$4T_2$基态,从$4T_1$到$2E$的跃迁释放出红外波,从$2E$到$4T_2$的跃迁发射出强烈的红光。

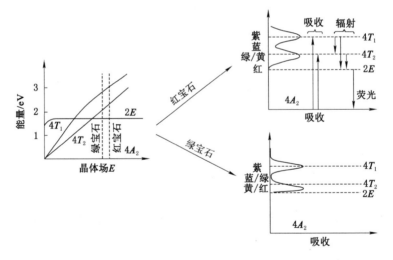

图2-15 晶体场效应引起的物质颜色特性

在绿宝石中,杂质也是Cr^{3+},但是由于特定的晶体结构,铬离子周围的电场大小有所降低,这导致$4T$态的能量较低,使得吸收波段变为黄/红色,因此绿宝石呈现绿色。

只要存在带有不成对电子的离子,就会产生晶体场效应。海蓝宝石、玉和黄水晶有铁离子而不是铬离子。蓝色或绿色的蓝铜矿、绿松石和孔雀石的主要颜色特性物质是铜而不是杂质离子,相同的是石榴石,其主要化合物元素是铁。

遥感中一个非常重要的离子是亚铁离子(Fe^{2+}),对于一个处于正八面体中的亚铁离子来说,在近红外波段只有一个跃迁能级,但是如果八面体结构发生形变,或者亚铁离子处于不同的非平衡态,产生的电子场可能导致多个跃迁能级,从而产生多种特征谱线。因此,矿物整体结构光谱信息可以利用亚铁离子的光谱特征来间接获得。图 2-16 展示了多种含亚铁离子矿物的反射光谱,垂直线是吸收带最小值,阴影区域显示带宽。不同物质中由于亚铁离子晶体场结构的不同,导致特征谱线的位置和宽度发生变化。

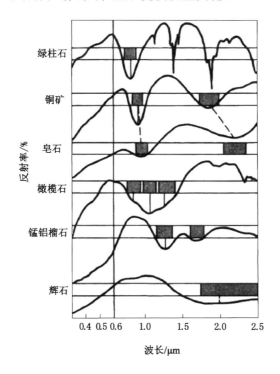

图 2-16 含有亚铁离子的不同矿物质的反射光谱

(2) 电荷转移

在很多情况下,成对的电子不被限于特定的原子间的化学键中且可以移动很长的距离,它们甚至可以在分子或者宏观固体中走动,它们绑定得并不太紧,所需要到达激发态的能量也有所减少。一个影响可见光/近红外区域光谱特征的例子就是电子从一个铁离子转移到另一个,如在既有 Fe^{2+} 又有 Fe^{3+} 的物质中这种作用就会发生,这种电荷转移导致了从深蓝到黑色的颜色,如黑色的铁矿石、磁铁矿。相似的机制也发生在蓝宝石中,蓝宝石中的杂质元素是 Fe^{2+} 和 Ti^{4+},当一个电子从铁转移到钛就形成激发态,这种电荷转移需要超过 $2\,eV$ 的能量,产生一个从黄色到红色光谱的宽吸收带,使蓝宝石呈现出一种深蓝色。电荷转移产生的光谱特征很剧烈,通常比晶体场效应产生的更强烈。

（3）共轭键

单原子核外的电子运行在孤立原子轨道上,而当原子形成分子,相邻原子的电子将构成共价键,此时的轨道结构就成为分子轨道,原子轨道描述了单个原子周围可能会发现电子的空间区域,而分子轨道则描述了两个或两个以上原子周围发现电子的空间区域,这些电子不再属于某个单键或原子,而属于一组原子。

分子轨道中的能级跃迁在生物颜料和许多有机物质的光谱响应中起着重要作用。在一些生物色素和有机物质分子中,碳或氮原子由一些单键和双键交替连接,每个键代表一对共用电子对,从每个双键移动一对电子到相邻的单键会颠倒整个共价键的顺序,从而形成一个对等结构,这样的共价键系统称为共轭系统,其中的共价键称为共轭键。共轭体系具有独特的特性,可产生强烈的颜色。例如,β-胡萝卜素的长共轭烃链的共轭键特性会产生强烈的橙色,氮化合物以及酞菁化合物是广泛用于合成颜料和染料的共轭系统。

一个特殊的共轭结构是所有原子单键连接,而剩余电子对双键连接并布满整个分子轨道,这种分子轨道称为 π 轨道。π 轨道在共轭双键系统中倾向于减少电子对的激发能,允许在可见光谱段产生吸收作用,许多生物颜料的光谱特性就是源自扩展的 π 轨道结构,包括植物中的叶绿素和血液中的血红蛋白。

（4）能隙带物质的电子跃迁

在金属和半导体中,电子被彻底从它附属的特定原子或者离子中释放,甚至可以在宏观物质中自由运动。在金属中,所有价电子可以自由地被激发,形成一个连续体能级分布。然而,这并不代表金属可以吸收任何波长,因此,不能简单地认为金属应该是黑色的。事实上,当金属中的电子吸收光子并跃迁到激发态时,它可以立即重新发射相同能量的光子并返回其原始状态,由于快速有效的再辐射,金属表面呈现反射性而不是吸收性,从而具有特定的金属光泽。金属表面颜色的变化是由不同能级电子数量的差异引起的,由于能级密度不均匀,因此某些波长电磁波比其他波长电磁波更有效地被吸收和再发射,使得金属呈现一定的颜色。

在半导体中,电子能级被分成很宽的、有禁止间隙的两个带(图 2-17),下面的能带叫价带,即价电子所处的能带,为束缚电子所具有的最高能带;上面的能带叫导带,即导电电子所处的能带;价带与导带之间的能带叫禁带或间隙带。当价带内的电子受到入射光子激发而获得大于禁带宽度的能量 E_g 时,就跃迁到导带,而在价带中留下带正电的空穴,电子和空穴使半导体材料的电导率增大,由光子入射而导致半导体材料的电导率增大的效应被称为光电导效应。

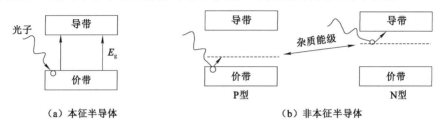

图 2-17　半导体材料的能带示意图

在纯净的半导体材料中(纯净的半导体称为本征半导体),电子被激发而在导带和价带中分别产生电子和空穴的过程称为本征激发,基于本征激发方式工作的探测器被称为本征探测器。要将电子从价带激发到导带,入射光子能量至少要达到禁带宽度,此时的波长称为截止波长。如果禁带很小,可见光波段内的电磁波都可以被吸收并被再发射,如硅有金属般光泽。如果禁带很大,没有可见光区域的光谱可以被吸收(光子能量小于隙能)。例如钻石的能隙是 5.4 eV(即 $\lambda = 0.23\ \mu m$),没有可见光能量被吸收和再发射,因此呈现透明状。硫化银(HgS)的带隙是 2.1 eV(即 $\lambda = 0.59\ \mu m$),所有高于这一能级的光子(如蓝光和绿光)可以被吸收,只有最长的可见光波长可以透射,因此,硫化银呈红色。

由于纯净半导体材料的禁带宽度比较宽,所以不能在波长较长的谱段工作,通过在纯净半导体中掺入少量杂质半导体(称为非本征半导体),且杂质半导体的电子能级接近导带或价带,可减小禁带宽度,从而实现对长波辐射的探测。在杂质半导体材料中,电子激发称为非本征激发,基于非本征激发方式工作的探测器称为非本征探测器。通过选择合适的掺杂材料,可以得到特定的激发能级和响应波长,如在硅中掺入砷杂质,产生的探测器敏感性可以很好地延伸到红外区域,远超出了正常纯硅的截止波长。

4. 叶绿素荧光性

如前面红宝石的例子所阐述的,由于激发态的电子可以逐级跌落到基态,能量可以在一个波长被吸收并在另一个不同的波长被重发射,这叫作荧光性。这是一种特殊的电子作用,这一作用可以被用来获取物质成分的额外信息,在太阳光照射的情况下,物体发射的荧光可从反射的光中分离出来。

地表遥感观测中最重要的一种荧光是叶绿素荧光。在可见光/近红外波段,由于共轭键的作用,叶绿素分子吸收蓝光和红光由基态进入两种激发态(图 2-18),处于高激发态的部分电子由于热损失能级降低回到低激发态,而低激发态的电子能量能够在另一个不同的波长被重发射,由于能量较低,所以以长波红光方式发出,所以叶绿素溶液在透射光下呈绿色(吸收蓝光和红光),而在反射光下呈红色(重发射的荧光,但由于荧光很弱,通常肉眼无法观测)。

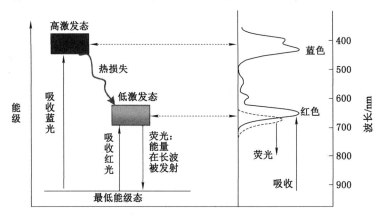

（a）叶绿素分子中的电子能级跃迁

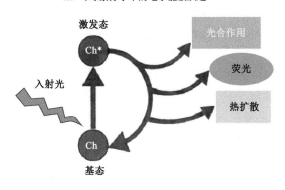

（b）叶绿素分子吸收光能量后的状态转化

图 2-18 叶绿素的荧光性

因此当被太阳光照亮时,绿色植物反射、透射和吸收光,但它们也以荧光的形式重新发射光。当叶子中的叶绿素分子吸收光子时,电子由基态被激发到激发态,这些激发态电子的命运取决于植物的生理状态,如大约82%的吸收光能用于光合作用$[6CO_2+6H_2O \longrightarrow C_6H_{12}O_6(葡萄糖)+6O_2]$,剩余的光一部分作为热量损失,其余一小部分(1%~2%)作为叶绿素荧光被发射消散。三者具有竞争关系,当忽略热发散时,荧光强则光合作用弱,荧光弱则光合作用强,因此,荧光是光合作用间接测量的指标,可作为植被健康状态的指标。

在一项欧空局(欧洲航天局)FLEX(Fluorescence Explorer)地球探测任务开发试验中,HyPlant仪器被搭载在飞机上以检测处于胁迫下的植被。该试验观测两片草地,一处使用一种常见的除草剂(图2-19),另一处未经处理。与未经处理的草地相比,施了除草剂的草地呈现红色,指示其发出了更多的荧光。一般而言,荧光是光合作用的指标,除草剂会中断植物动力系统,使吸收的太阳能不能用于光合作用,因此植物发出了更多的荧光,通过探测这些异常的荧光区域,可对植物胁迫进行早期预警。

图 2-19　机载 HyPlant 仪器用于观测荧光以检测受除草剂胁迫的植被

三、固体地表的遥感特性

固体表面物质可以被大致分为两类:地质材料和生物材料。地质材料对应岩石和土壤。生物材料对应植被覆盖(自然的和人类种植的)。本书将雪覆盖和城市地区归为生物类。

1. 地质材料的光谱特征

地质材料在可见光和近红外区域的光谱特征主要源自电子作用和分子振动作用,具体组成成分的吸收波段受其周围晶体结构、组分在基质材料中的分布、其他组成成分的影响,多种地质材料的光谱特征如图 2-20 所示,该图基于亨特的工作得到。在分子振动作用中,水分子和羟基(—OH)在决定很多地质材料的光谱特征中发挥着重要作用。在电子作用中,过渡金属的离子发挥着主要作用(如铁、镍、铬和钴),这些金属也存在经济重要性,含硫元素的矿物材料表现出基于能隙带作用的光谱吸收特征。

尽管多种矿物质有其对应的光谱特征,但是地质材料的多样性以及它们复杂的组合方式使得试图通过测量光谱来识别元素的方法变得并不容易,仅仅依靠测量少数几个光谱段的地表反射率来识别材料,其结果往往是不准确的。如果能够获得一幅图像中每个像元从 $0.35~\mu m$ 到 $3~\mu m$ 全部波段的光谱特征,则能较为可信地识别出物质组成成分,但是这要求极大的数据处理能力。一个折中的例子是对特定波段的波谱进行分析以识别特定物质,如 2.0 μm 到 $2.4~\mu m$ 区域的详细光谱可以识别出—OH 物质。

2. 生物材料的光谱特征

图 2-21 所示为玉米、大豆、土壤的光谱反射率曲线。植被中叶绿素的存在导致在波长小于 $0.7~\mu m$ 处的强烈吸收作用;在 $0.7\sim1.3~\mu m$ 区域,强反射是由于折射率在空气与叶细胞之间的不连续性;在 $1.3\sim2.5~\mu m$ 区域,叶子光谱反射率曲线和纯水相似。

遥感在生物材料中应用的一个主要目的就是研究它们在生长周期内的动态行为并监测它们的健康。因此,光谱特征作为它们健康状况的指示就尤为重要。如图 2-22 所示,叶片含水量可以通过对比波长近 $0.8~\mu m$、$1.6~\mu m$ 和 2.2 μm 的反射率得到(即使水的特征波段在 $1.4~\mu m$ 和 $1.9~\mu m$)。需要注意的是,由于大气水汽影响,这些波段还存在着很强的大气吸收。

图 2-23 展示了山毛榉在其生长周期内光谱特征发生变化的例子,反过来也反映出其叶绿素浓度的变化。随着叶子从活跃的光合作用到完全衰老,波长 $0.7~\mu m$ 附近反射率上升(叫作红边)的位置和角度发生了变化。

对红边进行高光谱分析可以探测到由于土壤营养成分的改变产生的地球化学胁迫作用。许多科学家指出了"蓝移"现象,即由于地球化学胁迫作用使得植被光谱中的"红边"或叶绿素向更短波长方向位移了大约 $0.01~\mu m$ (图 2-24 和图 2-25),这种由于矿物质胁迫产生的位移,可能与细胞环境的微小变化有关。

在很多情况下,地质表面的一部分或者全部被植被覆盖,因此光谱特征包括覆盖物及其下面物质的特征的混合,它们各自的贡献依赖于植被覆盖百分比和被观察到的光谱特征的强度(如吸收波段)。

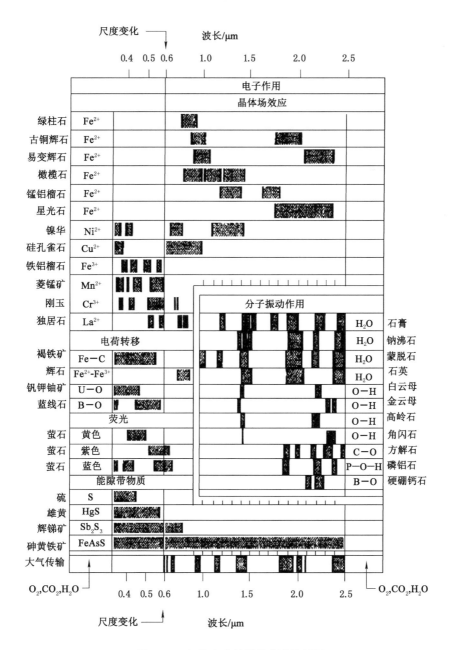

图 2-20　各种地质材料的光谱特征图

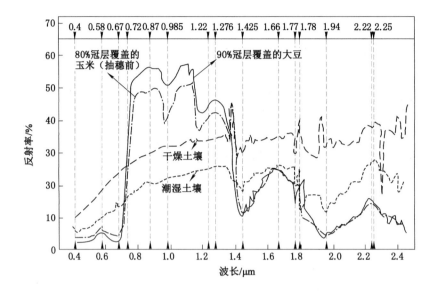

图 2-21　玉米、大豆、土壤的光谱反射率曲线

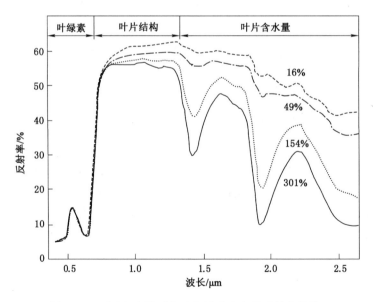

图 2-22　不同含水量下的无花果叶片光谱反射率曲线

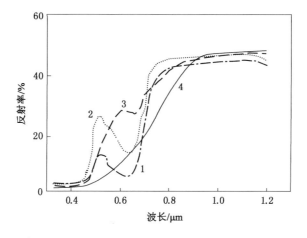

图 2-23　健康的山毛榉叶片 1 和逐渐衰老的山毛榉叶片 2～4 的反射率曲线

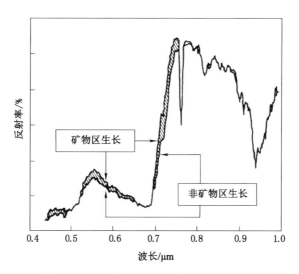

图 2-24　密歇根州科特盆地针叶树的反射光谱受矿化区域影响产生"蓝移"现象图

3. 穿透深度

可见光和近红外区域的地表反射率完全由表面几微米的反射率决定。在荒漠中,风化的岩石通常呈现出离散的富铁表面层,这些表面层展现出与底部岩石组织不同的光谱特征,因此,确定遥感辐射的穿透深度是很重要的。白金汉等学者用逐渐增厚的样本进行了一系列测量,他们发现随着样本厚度的增加,吸收线变得更加明显,超过某一关键厚度之后,增加样本的厚度不会影响吸

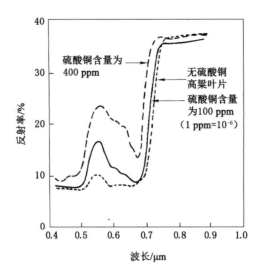

图 2-25 与土壤中硫酸铜含量有关的实验室高粱叶片反射率曲线

收强度。

图 2-26 展示了样本厚度与吸收强度之间的关系。针铁矿在波长为 0.9 μm 附近处的吸收强度随着针铁矿浓度的增加而增加。在一定针铁矿浓度下,吸收强度随样本厚度的增加而增加,对于 25% 浓度的针铁矿,该穿透深度约为 30 μm。

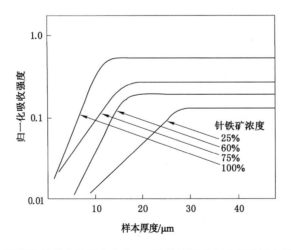

图 2-26 不同浓度针铁矿在波长为 0.9 μm 附近处的吸收强度随样本厚度的变化曲线

第二节　热红外电磁波与地表的作用

任何处在非绝对零度下的物体都会辐射电磁波,因此作为遥感观测对象的植被、土壤、岩石、水甚至人体都会在光谱 $3.0\sim14.0\ \mu m$ 范围内发射热红外电磁辐射。虽然人眼对热红外能量不敏感,但是工程师们开发了对热红外辐射敏感的探测器,这些传感器使人们可以监测地物的热特征,从而感知人类看不见的信息世界。

热红外电磁辐射在数学上通过普朗克辐射定律来描述,普朗克的结论在 1900 年发表,之后多位学者又对这个结论的不同方面进行了研究。普朗克辐射定律描述了物体辐射存在于所有波长中,且辐射波长的峰值与温度成反比。大多数自然体的热辐射峰值出现在红外波段,对于太阳、其他恒星以及各种高温辐射体来说,它们的辐射峰值出现在光谱的可见光和紫外波段。

对于地球表面的物质,由于白天和黑夜的变化以及一年中的季节交替,地球表面受到来自太阳的周期性变化的热量照射使得地物表面温度成为周期变化的物理量。表面温度周期变化的幅度取决于构成地表物质的热物理性质,称为热惯量。因此,对地球表面物质热惯量的测量使我们可以研究地表的热性能,从而提供关于地球表面成分的一些信息。

一、热辐射原理

普朗克辐射定律将黑体的光谱辐射分布描述为:

$$S(\lambda,T)=\frac{2\pi hc^2}{\lambda^5}\frac{1}{e^{ch/\lambda kT}-1} \tag{2-25}$$

这个公式通常也可以写为:

$$S(\lambda,T)=\frac{c_1}{\lambda^5}\frac{1}{e^{c_2/\lambda T}-1} \tag{2-26}$$

式中,$S(\lambda,T)$ 为某波长处单位波长的辐射通量密度,表示单位面积单位波长的光谱辐射功率,$W/(m^2\cdot\mu m)$;λ 为辐射波长,μm;T 为辐射体绝对温度,K;$h=6.626\times10^{-34}\ W\cdot s^2$,为普朗克常数;$c=2.997\ 9\times10^8\ m/s$,为真空光速;$k=1.38\times10^{-23}\ W\cdot s/K$,为玻尔兹曼常数;$c_1=2\pi hc^2=3.74\times10^{-16}\ W\cdot m^2$,$c_2=ch/k=0.014\ 4\ m\cdot K$,为常数。

表达式中的温度是物体的物理温度或者动力学温度,该温度可以通过放置温度计与物体进行物理接触来测量。

$S(\lambda, T)$ 对波长的积分代表单位面积黑体辐射的总能量,这就是斯特藩-玻尔兹曼定律:

$$S = \int_0^{\infty} S(\lambda, T) \mathrm{d}\lambda = \frac{2\pi^5 k^4}{15c^2 h^3} T^4 = \sigma T^4 \tag{2-27}$$

式中,$\sigma = 5.669 \times 10^{-8}$ W/(m^2 · K^4)。该定理表明单位面积黑体辐射的总能量与热力学温度的四次方成正比。

$S(\lambda, T)$ 对波长进行微分并求极值可得到最大辐射时的波长,这就是维恩位移定律:

$$\lambda_m = \frac{a}{T} \tag{2-28}$$

式中,$a = 2\ 898\ \mu m$ · K。例如,太阳的温度是 6 000 K,在 $\lambda_m = 0.48\ \mu m$ 时有最大辐射,而地球的表面温度是 300 K,在红外波段 $\lambda_m = 9.66\ \mu m$ 时有最大辐射。

另一个有用的表达式是峰值辐射量的值:

$$S(\lambda_m, T) = bT^5 \tag{2-29}$$

式中,$b = 1.29 \times 10^{-5}$ W/(m^2 · K^5)。如对于 300 K 的地球表面,在 $\lambda_m = 9.66$ μm 处 0.1 μm 宽的光谱带中,其辐射能量约为 3.3 W/m^2。

辐射定律同样可以依据辐射出的光子数来描述,这种形式的描述对讨论光子探测器的性能很有帮助。将 $S(\lambda, T)$ 除以单个光子的能量 hc/λ,得到光谱辐射的光子度量:

$$Q(\lambda, T) = \frac{2\pi c}{\lambda^4} \frac{1}{\mathrm{e}^{ch/\lambda kT} - 1} \tag{2-30}$$

所以斯特藩-玻尔兹曼定律可变为:

$$Q = \sigma' T^3 \tag{2-31}$$

式中,$\sigma' = 1.52 \times 10^{15}$ m^{-2} · s^{-1} · K^{-3}。

式(2-31)表明黑体辐射的光子量与其绝对温度的三次方成正比。

1. 自然地表的发射率

普朗克公式描述了理想黑体辐射的情况,黑体是将热能转化为电磁能效率最高的理想物体,相比之下,所有的自然地表都有着较低的辐射效率,该效率用发射率 $\varepsilon(\lambda)$ 来表达:

$$\varepsilon(\lambda) = \frac{S(\lambda, T)}{S_{\text{blackbody}}(\lambda, T)} \tag{2-32}$$

它是地表的辐射通量(密度)与相同温度下黑体辐射通量(密度)的比率。

发射率是波长的函数,平均发射率 ε 如下式给出:

$$\varepsilon = \frac{\int_0^\infty \varepsilon(\lambda)S_{\text{blackbody}}(\lambda,T)\mathrm{d}\lambda}{\int_0^\infty \varepsilon S_{\text{blackbody}}(\lambda,T)\mathrm{d}\lambda} = \frac{1}{\sigma T^4}\int_0^\infty \varepsilon(\lambda)S_{\text{blackbody}}(\lambda,T)\mathrm{d}\lambda \qquad (2\text{-}33)$$

三种典型辐射源的发射率如下(图 2-27):

黑体:$\varepsilon(\lambda)=\varepsilon=1$;

灰体:$\varepsilon(\lambda)=\varepsilon$,为小于 1 的常量;

选择性辐射体:$\varepsilon(\lambda)$ 是波长的函数。

当辐射通量入射到无限厚介质的表面时,在交界面上,用 ρ 表示反射的能量比率(又称为反射率或反照率),τ 表示透过的能量比(又称为透过率),要满足能量守恒定律,则有:

$$\rho = \tau = 1 \qquad (2\text{-}34)$$

一个黑体可以吸收所有的入射辐射能量,这种情况下 $\tau=1$ 且 $\rho=0$,也就是说,所有通过界面入射黑体的能量都最终被吸收。

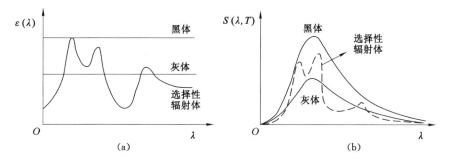

图 2-27 三种辐射源光谱发射率 ε 和辐射通量密度 $S(\lambda,T)$ 随波长变化曲线

根据基尔霍夫定律,在辐射平衡条件下,一个物体的吸收率 α 与它同温度下的发射率相等,而物体吸收的能量等于透过界面的能量,所以有:

$$\alpha = \varepsilon = \tau \qquad (2\text{-}35)$$

由式(2-34)得:

$$\varepsilon = 1 - \rho \qquad (2\text{-}36)$$

物体的发射率同样也是辐射方向的函数,方向发射率 $\varepsilon(\theta)$ 是处于角 θ(相对于表面法向)上的发射率,$\varepsilon(0)$ 为垂直发射率。在大多数情况下,自然表面发射率为 $\varepsilon(\lambda,\theta)$,这是一个观测角与波长的函数。

金属的发射率较低,只有几个百分点,尤其是当金属是光滑的(ρ 较高,ε

较低)。发射率随温度的升高而升高,且当金属表面形成氧化层时会急剧上升。对于非金属来说,发射率较高,通常大于 0.8,而且会随着温度的升高而降低。自然不透明地表发出的红外辐射来自其几分之一毫米厚度的表面材料,所以,表面层状态和材料情况对发射率有着很大影响。例如,一层很薄的雪或者植被会急剧改变土壤表面的发射率。

在遥感影像中,试图通过视觉经验来估计物体发射率的时候需要格外注意,雪就是一个很好的例子,在可见光区域,雪是极好的漫反射体,因此在记录反射特性的可见光影像上很亮很白,根据基尔霍夫定律,反射率较高时它的发射率很低,根据该经验可能会认为雪在记录发射特性的热红外影像中很暗,但是在 273 K 时,物质的光谱辐射都出现在 $3\sim70\ \mu m$(峰值出现在 $10.5\ \mu m$),雪在红外波段发射率很高而反射率很低,所以,在热红外影像中雪和周围相近温度物质相比仍然较亮。

对于大多数自然体来说,光谱辐射曲线并不是一条简单变化的函数曲线,它包含很多因物体成分不同而不同的光谱特征线。在热红外光谱区域,有大量与分子振动频率相关联的吸收线,这些特征构成地表热红外波段的主要光谱特征。

2. 辐射温度与热力学温度

现实世界中温度高于绝对零度的所有物体都表现出分子随机运动,物质分子随机运动中的能量称为热动力能量,简称热能,热能可以转化和传导,热能还可以用卡路里(1 cal＝4.18 J)来度量。物体的热动力能量使物体具有一定的热力学温度(T_{kin}),热力学温度又称为内部温度,可通过将温度计与植物、土壤、岩石或水体直接物理接触来进行热力学温度测量。

任何非绝对零度的物体同时还具有辐射温度(T_{rad}),辐射温度又称为外部温度、亮温或表观温度。物质粒子随机运动相互碰撞改变能级态从而辐射电磁波能量,辐射的电磁波能量用辐射通量(W)来衡量,代表该辐射通量的温度称为辐射温度,用辐射计来遥感测量。外部温度是内部温度的外在表现。

对于自然界的大部分物质来说,热力学温度和辐射温度呈正相关关系。热辐射遥感的目的就是探测地物辐射温度来表达地物物理特征和监测地物健康状况,就像人类发烧测体温一样。然而由热辐射计测得辐射通量计算得到的表观温度总会略低于用温度计接触物体测得的热力学温度,这种差异由地表发射率(ε)引起。

根据发射率的定义及式(2-27),温度为 T_{kin} 的物体辐射的电磁波通量为:

$$S = \varepsilon \sigma T_{kin}^4 = \sigma T_{rad}^4 \qquad (2\text{-}37)$$

因此有：

$$T_{rad} = \varepsilon^{1/4} T_{kin} \tag{2-38}$$

$$\varepsilon = \left[\frac{T_{rad}}{T_{kin}}\right]^4 \tag{2-39}$$

热红外遥感观测系统收集地物的热辐射通量(S)，可由式(2-37)计算得到 T_{rad}、T_{kin}，二者的差异由发射率(ε)引起。表 2-2 给出了一些地物的发射率、热力学温度、辐射温度的值。

表 2-2　一些地物的发射率、热力学温度和辐射温度

地物类别	发射率(ε)	热力学温度(T_{kin})		辐射温度(T_{rad})	
		K	℃	K	℃
黑体	1.00	300	27.0	300.0	27.0
蒸馏水	0.99	300	27.0	299.2	26.2
粗糙的玄武岩	0.95	300	27.0	296.2	23.2
植被	0.98	300	27.0	298.5	25.5
干土壤	0.92	300	27.0	293.8	20.8

研究地表发射率具有重要意义，原因是在地面上彼此相邻的具有相同热力学温度的两个物体，当由遥感热辐射计测量时却可能具有不同的表观温度，使得它们在热辐射遥感影像中明暗不同，而这种差异来自它们的发射率不同，由此可以用热辐射遥感影像来区分地物。

物体的发射率与许多因素有关，如：

① 颜色：深色物体往往比浅色物体具有更高的吸收率，从而在热平衡时有更大的发射率。

② 表面粗糙程度：物体的表面粗糙度相对于入射波长越大，物体的表面积越大，能量的吸收和再发射的可能性越大。

③ 潮湿程度：物体含有的水分越多，吸收能力就越大，发射率越大。如湿土颗粒具有与水类似的高发射率。

④ 密实度：相同成分的土壤，密实度不同，发射率也不同。

⑤ 观测尺度：相同地物，使用不同空间分辨率观测时，其发射率不同。如植被，叶片的发射率和整个冠层的发射率不相同。

⑥ 波长：发射率和观测波长相关，一般地物在 $8\sim14\ \mu\text{m}$ 观测波段测得的发射率和在 $3\sim5\ \mu\text{m}$ 波段测得的发射率不同。

⑦ 观测角：发射率是观测角的函数，不同传感器观测角下的地物发射率会有不同。

二、地物热传导属性

地球表面受到来自太阳的周期性热量照射，这种周期性的加热引起地表温度的周期性波动，表面温度波动的幅度取决于表面材料物理性质的组合。遥感仪器测量高于绝对零度的物体发射出的电磁波辐射，记录该辐射的变化幅度，从而提供关于地球表面成分的一些信息，这就是热惯量遥感观测，本节给出一个简单的模型说明该原理。

假设地球表面物质材料质地均匀且有无限深度，表面为 $z=0$，无限深度为 $z=+\infty$，热传导只在 z 轴方向上传播，那么地表物质的热变化规律用热传导方程和热容方程给出：

$$F = -K_c \nabla T \tag{2-40}$$

$$\nabla \cdot F = -C\rho \frac{\partial T}{\partial t} \tag{2-41}$$

式中，F 为热通量密度，它是空间和时间的函数，通常为矢量，$\mathrm{cal/(s \cdot m^2)}$；$K_c$ 为地物材料的导热系数，$\mathrm{cal/(s \cdot m \cdot K)}$；$T$ 为温度，它也是空间和时间的函数，K；C 为地物材料的热容，$\mathrm{cal/(kg \cdot K)}$；$\rho$ 为物质密度，$\mathrm{kg/m^3}$。

与物质热传导属性相关的还有一个物理量 $k(\mathrm{m^2/s})$，称为热扩散率，其值由物质导热系数 K_c、密度 ρ 和热容 C 共同决定，$k = \dfrac{K_c}{C\rho}$。

假设热通量仅在 z 轴方向上变化时，上面两个方程可简化为：

$$F = -K_c \frac{\partial T}{\partial z} \tag{2-42}$$

$$\frac{\partial F}{\partial z} = -C\rho \frac{\partial T}{\partial t} \tag{2-43}$$

假设热通量密度和温度为时间和空间的正弦变化函数，且时间变化角频率为 ω，假设在 $z=0$ 地表的热通量密度边界值为 $F(t,0) = F_0 \cos(\omega t)$，则式(2-42)和式(2-43)的解为：

$$F(t,z) = F_0 \cos\left(\omega t - z\sqrt{\frac{\omega C\rho}{2K_c}}\right) \exp\left(-z\sqrt{\frac{\omega C\rho}{2K_c}}\right) \tag{2-44}$$

$$T(t,z) = \frac{F_0}{P\sqrt{\omega}} \cos\left(\omega t - z\sqrt{\frac{\omega C\rho}{2K_c}} - \frac{\pi}{4}\right) \exp\left(-z\sqrt{\frac{\omega C\rho}{2K_c}}\right) \tag{2-45}$$

式中，$P = \sqrt{C\rho K_c}$，称为热惯量，$\mathrm{J/(m^2 \cdot s^{1/2} \cdot K)}$。

由式(2-44)和式(2-45)可以看出,地表热通量密度和温度随时间和深度周期性变化,其幅值随厚度增加呈指数型衰减。热通量密度和温度波的空间波数 $k = \sqrt{\dfrac{\omega C\rho}{2K_c}}$,波长为 $\lambda = \dfrac{2\pi}{k} = 2\pi\sqrt{\dfrac{2K_c}{\omega C\rho}} = 2\pi\sqrt{\dfrac{2k}{\omega}}$。$z_0$ 称为地表热通量密度和温度波的传播深度,则有:

$$z_0 = \sqrt{\frac{2K_c}{\omega C\rho}} = \sqrt{\frac{2k}{\omega}} \tag{2-46}$$

对于热扩散率 $k = 10^{-6}$ m²/s 的典型岩石材料,其温度波的空间波长 λ 对于时间频率为 1 周期/天来说是 1 m,对于 1 周期/年来说是 19 m。对于 $k = 10^{-4}$ m²/s 的金属导体来说,其波长对于 1 周期/天来说是 10 m,对于 1 周期/年来说是 190 m。

表 2-3 给出了一些常见地质材料的热性能参量,根据表中的 k 值范围可知,这些地质材料因太阳日加热引起的表面温度变化只能大概影响到前几米,年加热能影响到前 10～20 m。

表 2-3　地质材料的热性能参量

材料	K_i /[cal/(m·s·℃)]	ρ /(kg/m³)	C /[cal/(kg·℃)]	k /(m²/s)	P /[cal/(m²·s^{1/2}·℃)]
水	0.13	1 000	1 010	1.3×10^{-7}	370
玄武岩	0.50	2 800	200	9×10^{-7}	530
黏土(潮湿)	0.30	1 700	350	5×10^{-7}	420
花岗岩	0.70	2 600	160	16×10^{-7}	520
砾石	0.30	2 000	180	8×10^{-7}	320
石灰石	0.48	2 500	170	1.1×10^{-7}	450
白云岩	1.20	2 600	180	26×10^{-7}	750
沙质土壤	0.14	1 800	240	3×10^{-7}	240
砂砾石	0.60	2 100	200	14×10^{-7}	500
页岩	0.35	2 300	170	8×10^{-7}	340
凝灰岩	0.28	1 800	200	8×10^{-7}	320
大理石	0.55	2 700	210	10×10^{-7}	560
黑曜石	0.30	2 400	170	7×10^{-7}	350
浮石(松散)	0.06	1 000	160	4×10^{-7}	90

式(2-44)和式(2-45)说明了温度波和热通量波具有相似的表达式,热能变化的幅值和温度变化幅值之间的关系由地物热惯量 P 决定。温度波和热通量波存在相位差,也就是说,地表热通量峰值和温度相应峰值出现的时间有滞后关系。例如,对于地球上的土壤,热能通量峰值出现在中午太阳正中时,而土壤温度的峰值则出现在下午,通常在下午 2 点左右。

三、地表热辐射的遥感特性

地表温度的周期变化是由太阳周期性辐射提供的周期性热通量造成的,地物温度与地物热辐射通量有对应关系,且取决于地表的热惯量。而热惯量是地表材料的函数,代表了地表材料的特有属性,这使得通过测量表面热辐射来区分具有不同热惯量属性的地物成为可能。

1. 周期性地表热辐射

式(2-44)和式(2-45)中的简单模型不能直接用于实际应用,因为实际热通量通常不会正弦变化,尽管可以通过使用傅里叶分析来克服这种限制,但热通量的形式通常较复杂,其组成包括来自天空的直接太阳辐射、地表对太阳辐射的反射、地表自身的热红外辐射以及地热热通量的贡献等。因此,实际热通量及地表温度与地理位置、一年中的时间、云层分布、地表朝向、地物反射率和发射率等因素都有关。尽管如此,该简单模型仍很好地表明热通量和温度的总体变化趋势。

图 2-28 显示了热惯量 P 为 400 J/(m² · s^{1/2} · K)和 2 000 J/(m² · s^{1/2} · K)的两种材料的表观温度减去日平均温度后随本地太阳时的变化关系,如模型所预期的那样,具有较大热惯性的材料表现出较小的昼夜温度波动,但是也应注意到温度波并不是严格的正弦波。

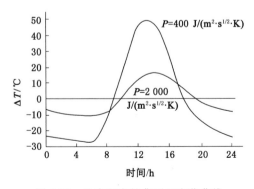

图 2-28　地表温度的典型日变化曲线

事实上,地物材料的热惯量 P、反射率 ρ 或发射率 ε 的差异以及变化的大气热辐射源是影响测得辐射温度的重要因素。图 2-29 展示了不同地表材料的典型热惯量 P 和扩散率 k 的大小,还给出了不同时间周期下根据式(2-46)计算得到的传播深度。

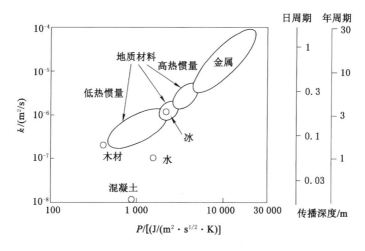

图 2-29　地表典型物质的热惯量和热扩散率

地质材料中,低密度、低传导率材料如沙子、页岩和石灰石具有较小的热惯量[$P = 400$ J/(m² · s^{1/2} · K)],而高密度、高传导率矿物质如石英具有高达 4 000 J/(m² · s^{1/2} · K)的热惯量。由于金属的热传导率和密度较高,所以其热惯量比一般物质高出 10 倍。水的热惯量与典型矿物的热惯量差别不大,然而由于水的蒸发,水体在白天通常比岩石表面冷,而在晚上则相对地面暖和,在潮湿的地面上也有类似的效果,用这种方法可以估算土壤湿度,其精度通常为 15%。在夜间,干燥的植被也可以与裸露的地面区分开,这是因为植被的隔热作用,使得植被及其下层的地面在物理上比裸露的地面温度更高,白天则有相反的效果。

2. 表面覆盖厚度的影响

温度的变化幅度随地表厚度的增加迅速减小,该厚度与扩散率 k 的算术平方根成正比[式(2-46)]。因此,如果表面被一层 k 较低(如 K_c 较小或者 $C\rho$ 较大)的材料薄层所覆盖,那么覆盖层以下的地表将几乎不会受表面温度变化的影响。

沃森于 1973 年对这个问题进行了研究,一些结果在图 2-30 中给出。这幅图显示了叠加在热惯量为 400 cal/(m² · s^{1/2} · K)普通岩石之上的一层干燥土壤层[$k=2\times10^{-7}$ m²/s,$P=150$ cal/(m² · s^{1/2} · K)]和一层干燥地衣苔藓层[$k=1.4\times10^{-7}$ m²/s,$P=40$ cal/(m² · s^{1/2} · K)]的影响,显然厚度 $L=$10 cm 的覆盖层几乎完全可以将地下层与表面层的昼夜温度变化隔绝开来。

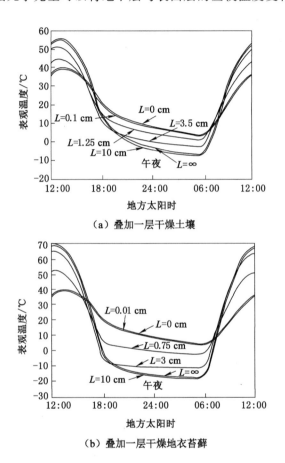

（a）叠加一层干燥土壤

（b）叠加一层干燥地衣苔藓

图 2-30　普通岩石表面上两个厚度为 L 的叠加层对表观温度的影响

3. 热红外遥感中云层的影响

热红外遥感中云层的影响存在于两个方面:首先,云层会减少很大一部分入射辐射,这就会导致地物表面温度的不同,造成热红外图像呈补丁状,部分暖、部分冷,其中较冷的区域通常为云层阴影。其次,由于存在地表和云层之间的再辐射,这种附加能量会导致背景的噪声信号,从而减少图像的总体对比度。

4. 基于热惯量的地表探测

表 2-3 给出了不同材料的热惯量值。热惯量衡量物质对温度变化的抵抗性,不同材料的 P 值之间差别非常大。例如,松散浮石和砂砾石、玄武岩或者石灰岩之间 P 值的差别在 4 倍以上,因此如果可以用遥感手段测量和计算地物热惯量,就可用于识别地物。但是,由于地物材料的导热系数、密度和热容都须依赖现场测量,因此直接根据公式求取热惯量的方法不可行,为此,可以通过遥感技术计算每个像素的表观热惯量值,表观热惯量(ATI, apparent thermal inertia)的表达式为:

$$ATI = \frac{1 - A}{\Delta T}$$

式中,A 是影像像素对应的地物在白天可见光光谱中测量的反照率;ΔT 为昼夜表观温度差。

分别获取夜间和清晨地表的热红外图像,对这两张图像进行几何和辐射校正,并得到表观温度图像。通过从白天表观温度中减去夜间表观温度来确定特定像素的温度变化 ΔT,再结合白天拍摄的可见光反照率影像,就可以得到表观热惯量图。表观热惯量一般与测量的温度变化相关,高 ΔT 通常对应低热惯量值的地表材料;相反,低 ΔT 通常对应高热惯量值的地表材料。

第一个热红外卫星遥感系统是 1978 年的 HCMM(heat capacity mapping Mission),它收集当天(下午 1 点 30 分)和夜间(凌晨 2 点半)的 10.5～12.6 μm 波段热红外影像,用于制作表观热惯量图。结果表明,热惯量图对地质构造的扰动和岩性边界的影响特别敏感,但用于区分特定的岩石类型仍然较为困难。

热惯量监测也用于考古测量,如果一种材料埋在另一种材料中,且材料具有不同的热属性,则热流会发生改变并在表面产生温度异常,从而产生被埋物体性质的信息。此时需注意的是,热扩散方程必须在三维空间上求解,简单的一维模型方程不再适用。

第三节　固体地表的微波辐射

自然表面的热辐射通常发生在热红外区域,然而它会延伸到亚毫米波和微波波段,也就是说,可以在电磁波谱波长 1 mm～1 m 之间(频率在 0.3～300

GHz 之间)的微波区域检测热产生的辐射。与热红外发射一样,发射率是影响物体在给定温度下发射的辐射通量的物理参数,且影响机制相同。然而,微波辐射的情况比热红外发射更复杂。首先,微波辐射观测波段的范围远宽于红外波段。典型的热红外观测波段在 $3\sim5\ \mu m$、$8\sim12\ \mu m$ 之间,而微波观测通常在 $0.3\sim300\ GHz$ 之间的多个频率上进行,谱段范围跨越较广,因此有必要考虑发射率随频率的变化。其次,微波观测通常在远离表面法线的方向进行,因此考虑发射率随观测角度的变化特性异常重要。再次,地物对不同极化微波的发射率通常显著不同,因此必须考虑极化的依赖性,这些因素极大地增加了提取典型地物的微波发射率的难度。

一、热辐射的 Rayleigh-Jeans 近似

理想黑体在微波波段辐射的电磁波能量满足普朗克定律,且由于波长较长,微波波段的辐射量可由 Rayleigh-Jeans 近似表达。在式(2-25)中,设 $ch/\lambda\ll kT$,单位光谱辐射通量密度可近似为:

$$S(\lambda)=\frac{2\pi ckT}{\lambda^4} \tag{2-47}$$

式中,$S(\lambda)$ 表示单位面积单位波长下的辐射功率,在微波辐射学中 $S(\lambda)$ 通常被解释为单位频率的辐射功率,$W/(m^2 \cdot m)$;频率 ν 和波长 λ 的关系如下式:

$$\nu=\frac{c}{\lambda}\Rightarrow d\nu=-\frac{c}{\lambda^2}d\lambda \tag{2-48}$$

则有:

$$|S(\nu)d\nu|=|S(\lambda)d\lambda|\Rightarrow S(\nu)=\frac{\lambda^2}{c}S(\lambda) \tag{2-49}$$

$$S(\nu)=\frac{2\pi kT}{\lambda^2}=\frac{2\pi kT}{c^2}\nu^2 \tag{2-50}$$

式中,$S(\nu)$ 的单位是 $W/(m^2 \cdot Hz)$,辐照度 $S(\nu)$ 是辐亮度 $B(\theta,\nu)$ 在半球下的积分,因此辐照度 $S(\nu)$ 可写为:

$$S(\nu)=\int_\Omega B(\theta,\nu)\cos\theta d\Omega=\int_0^{2\pi}\int_0^{\pi/2}B(\theta,\nu)\cos\theta\sin\theta d\theta d\varphi \tag{2-51}$$

单位立体角 Ω 与观测天顶角 θ 和方位角 φ 的关系为:

$$d\Omega=\sin\theta d\theta d\varphi \tag{2-52}$$

如果辐亮度 $B(\theta,\nu)$ 与 θ 无关,那么表面称为漫反射朗伯体,直接对式(2-51)求积分,则有:

$$S(\nu) = \pi B(\nu) \tag{2-53}$$

即在朗伯体表面假设下,地表辐亮度和辐照度仅相差系数 π。

此时,用频率表示的表面辐亮度[W/(m·sr·Hz)]表示为:

$$B(\nu) = \frac{2kT}{\lambda^2} = \frac{2kT}{c^2}\nu^2 \tag{2-54}$$

这就是微波辐射的 Rayleigh-Jeans 辐亮度表达式,它是普朗克定律在微波区域的简单近似,并且在 $\nu/T < 3.9 \times 10^8$ Hz/K 的情况下与普朗克定律的差别小于 1%。对于 300 K 的黑体来说,Rayleigh-Jeans 近似在 $\nu < 117$ GHz 时都将适用。

二、微波辐射能量与温度的关系

假设实际地物是发射率为 $\varepsilon(\theta)$ 的灰体,根据式(2-54),由单位面元 ds 在单位立体角 dΩ 上发射的辐射功率为(W/Hz):

$$P(\nu) = \frac{2kT}{\lambda^2}\varepsilon(\theta)\,ds\,d\Omega \tag{2-55}$$

一个有效面积为 A 的接收孔径在距离地表为 r 的位置,其张成的立体角为 $d\Omega = A/r^2$,因此,如果在距离 r 的有效区域内有一个线性极化天线以模式 $G(\theta,\varphi)$ 来接收辐射,在光谱频段 dν 中收集的功率为:

$$P(\nu) = \frac{2kT}{\lambda^2}\varepsilon(\theta)\frac{G(\theta,\varphi)}{2}ds\frac{A}{r^2}d\nu = \frac{AkT}{\lambda^2}\varepsilon(\theta)G(\theta,\varphi)\,d\Omega\,d\nu \tag{2-56}$$

式中,$d\Omega = ds/r^2$ 为从观测方向 (θ,ϕ) 看下去地表张成的立体角。天线模式 $G(\theta,\phi)$ 代表微波接收天线对辐射能量的接收效率,由于假设地物所发射的微波辐射是非极化波,而微波接收天线一般为极化天线,它只检测一半的总入射功率,因此天线模式中有参量为 1/2 的系数。对地表立体角和光谱频带积分,得到光谱频带内的总接收能量为:

$$P_r = AkT\int_{\Delta\nu}\int_{\Omega}\frac{\varepsilon(\theta)G(\theta,\varphi)\,d\Omega\,d\nu}{\lambda^2} \tag{2-57}$$

通常 $\Delta\nu \ll \nu$,对频带的积分可用乘积代替:

$$P_r = \frac{AkT\Delta\nu}{\lambda^2}\int_{\Omega}\varepsilon(\theta)G(\theta,\varphi)\,d\Omega \tag{2-58}$$

也可被写为:

$$P_r = kT_{eq}\Delta\nu \tag{2-59}$$

式中,T_{eq} 称为天线温度、微波温度或亮温,由如下等式给出:

$$T_{eq} = \frac{AT}{\lambda^2} \int_\Omega \varepsilon(\theta) G(\theta, \varphi) \mathrm{d}\Omega \qquad (2\text{-}60)$$

因此,微波天线接收到的辐射功率可用亮温来表达,而亮温与地表实际温度 T、地表发射率 $\varepsilon(\theta)$、天线模式 $G(\theta, \varphi)$ 有关。当地表发射率为常数时,微波亮温与地物温度和发射率呈线性关系,线性系数由天线模式决定。

三、简易微波辐射模型

微波辐射能量与温度的关系表明,接收能量与天线温度有对应关系,当接收天线模式一定时,天线温度与地表温度成正比。实际情况中,当考虑大气温度时,微波测得的亮温由反射部分和辐射部分两部分组成,如图 2-31 所示,温度为 T_g 的灰体向空中辐射,另外还有等效温度为 T_s 的大气辐射存在,因此辐射能量包括两个因素:一个是前一节所讨论的表面辐射能量,另一个是最初由天空辐射并随后被表面反射的能量。当不考虑天线模式时,测得的地表微波温度可简化为:

$$T_i(\theta) = \rho_i(\theta) T_s + \varepsilon_i(\theta) T_g \qquad (2\text{-}61)$$

式中,i 表示极化方式;θ 为观测角,当考虑反射时,观测角等于入射角。该模型假设大气为干洁大气,忽略大气路径辐射及大气吸收和散射。地表发射率 ε_i 和反射率 ρ_i 满足 $\varepsilon_i = 1 - \rho_i$,因此:

$$T_i(\theta) = T_g + \rho_i(\theta)(T_s - T_g) \qquad (2\text{-}62)$$

或

$$T_i(\theta) = T_s + \varepsilon_i(\theta)(T_g - T_s) \qquad (2\text{-}63)$$

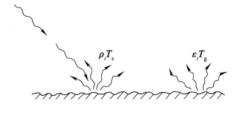

图 2-31　简易微波辐射模型

考虑介电常数为 $3.2(n = \sqrt{3.2}$,n 为折射率)的沙地表面,图 2-32 显示了对应表面在水平极化和垂直极化情况下的表面反射率 ρ_i 和总辐射温度 T_i($i = V$、H,代表遥感垂直和水平极化)。

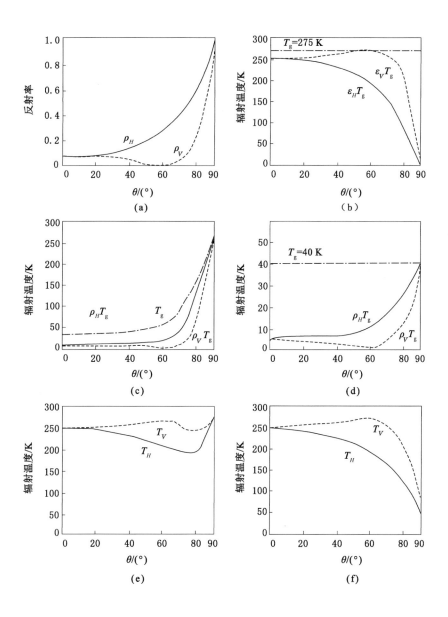

图 2-32　观测沙地表面($\varepsilon_r = 3.2$，$T_g = 275$ K)的微波亮温

四、微波辐射的遥感特性

微波亮温是表面温度 T_g 和发射率 ε 的函数[式(2-63)]，对于微波辐射遥感观测，地球表面温度 T_g 变化导致的亮温变化通常是有限的，一个地区的温度变化是时间的函数且通常很少超过 60 K，其相对变化大概为 20％（60 K 除以 300 K），而由发射率造成的亮温变化更大。假设在热力学温度 300 K 条件下垂直观测三种类型的光滑材料（在微波波段，Rayleigh 光滑条件较易满足）：水（在低微波频段 $n=9$），岩石（$n=3$），沙子（$n=1.8$）。当三种地表物质温度近似相同时，与水体相比，沙子的微波亮温约翻了 1 倍（表 2-4）。因此，可用微波辐射计区分温度相近而微波发射率不同的地物。

表 2-4　$T_g=300$ K 和 $T_s=40$ K 条件下三种代表性物质的微波亮温

物质类型	折射率 n	介电常数 ε_i	反射率 ρ	微波亮温/K
水	9	81	0.64	134
岩石	3	9	0.25	235
沙子	1.8	3.2	0.08	280

物体发射率与很多因素有关，图 2-33 给出了平静的海水表面发射率的变化曲线，假设海水为体散射效应可忽略的均匀介质，表面光滑为镜面反射，在温度 T_g 为 20 ℃、35 GHz 频率下的海水介电常数 $\varepsilon_r=18.5-31.3j$，采用菲涅耳振幅反射系数公式计算 r，然后计算出发射率 $\varepsilon=1-|r|^2$。

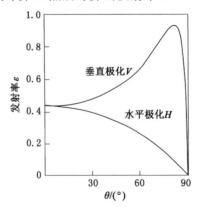

图 2-33　垂直和水平极化下海水表面发射率随入射角的变化曲线

从图 2-33 中可以看出,在垂直入射和观测时,垂直极化波和水平极化波具有相同的发射率,当观测角逐渐增大时,垂直极化波发射率增加,当观测角达到 80°时发射率接近 1,然后迅速下降,而水平极化波发射率则持续下降,当入射角和观测角接近 90°时,两种极化波发射率接近 0。垂直极化波反射率为 0、发射率为 1 时的入射角为布儒斯特角。图 2-33 中发射率未达到 1 值的原因是介电常数不是实数而是复数。此外,还应注意海水介电常数和由此计算得到的发射率 ε 将随水面温度的不同而变化。

再来看裸土表面的例子。裸土表面的微波发射率主要取决于表面粗糙度和土壤含水量,微波区域水的介电常数(典型值为 81)远高于土壤的介电常数(典型值为 3),因此增加水分含量会增加反射率,从而降低发射率。土壤表面的典型发射率在 0.5～0.95 的范围内,植被冠层的微波发射率通常在 0.85～0.99 的范围内,深层干燥积雪的发射率约为 0.6。此外,如果介质层较薄,则测量的发射率将包括来自下层地物的贡献,如来自植被冠层下方的土壤表面。对于干燥的积雪,垂直观测时光学厚度与每单位面积冰的总质量成比例,因此,该效应可用于估计雪的质量。对于湿雪,体散射效应不显著,因此反射率较低而发射率更高,发射率通常为 0.95。

1. 极地海冰监测的应用

星载微波辐射测量的一个典型应用是极地冰盖的动态监测。冰和水的介电常数分别约为 3 和 80,介电常数的巨大差异造成了发射率的变化,导致了微波亮温的强烈反差,从而使之易于区分。微波成像辐射计相对于可见光或近红外成像仪的主要优点是:它可以全天获取数据,甚至在漫长的黑暗冬季、灰霾或云层覆盖期间都可以实现监测。

考虑法向入射反射的情况,根据式(2-62),在热力学温度相同的 a 和 b 两个区域,它们的微波亮温差为:

$$\Delta T = T_a - T_b = (\rho_a - \rho_b)(T_s - T_g) = \Delta\rho(T_s - T_g) \qquad (2\text{-}64)$$

其中:

$$\rho = \left(\frac{\sqrt{\varepsilon_r} - 1}{\sqrt{\varepsilon_r} + 1}\right)^2 = \left(\frac{n-1}{n+1}\right)^2 \qquad (2\text{-}65)$$

在这种情况下,对于冰 $\varepsilon_{r\_ice} = 3$ 和水 $\varepsilon_{r\_water} = 80$,有:

$$\rho(\text{ice}) = 0.07, \rho(\text{water}) = 0.64 \Rightarrow \Delta\rho = -0.57 \qquad (2\text{-}66)$$

通常天空温度 $T_s = 50$ K,水-冰的表面温度 $T_g = 272$ K,则代入式(2-64)计算亮温差为 $\Delta T = 127$ K。因此,在微波遥感影像中,相对于冰面,水面具有较高的反射率和较低的亮温,所以看起来会比冰面暗很多。

如果冰的性质发生变化（如盐度等），其介电常数 ε_r 也发生变化，这就会导致表面反射率的变化，这种变化可以表示为：

$$\Delta\rho = \rho\,\frac{2\Delta\varepsilon_r}{\sqrt{\varepsilon_r}\,(\varepsilon_r - 1)} \tag{2-67}$$

因此，如果 $\varepsilon_r = 3$ 且 $\Delta\varepsilon_r = 0.6$（变化 20%），则：

$$\Delta\rho/\rho = 0.34 \Rightarrow \Delta\rho = 0.34 \times 0.07 = 0.024,\ \Delta T = 5.4\ \text{K} \tag{2-68}$$

当微波辐射计的亮温探测灵敏度高于 ΔT，就能探测海冰的盐度分布。

图 2-34 显示了一年中不同时间北极微波辐射计影像。观察有颜色的部分，大图对应冬天冰盖范围，小图对应夏天冰盖范围，冰盖的变化很明显。在冰覆盖的区域，亮温的变化主要是由冰的不同性质和成分造成的。

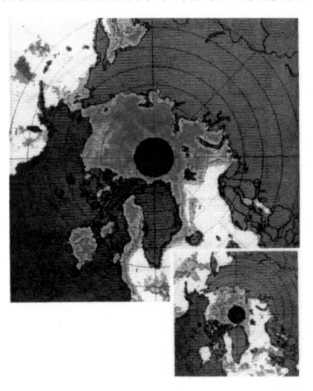

图 2-34　北极地区微波辐射计影像

2. 土壤湿度监测的应用

水具有较高的微波介电常数，因此相比于自然表面发射率较低，这一事实提供了土壤湿度监测的可能性。许多研究人员已经测量了不同土壤类型的表面介电常数随土壤湿度变化的规律,如图 2-35 所示,土壤表面微波亮温与电磁波极化方式、频率、观测角度以及土壤含水量有关。对于未结冰的土壤,表面的微波亮温在 L 波段(1.4 GHz)从干燥土壤到潮湿土壤减小的幅度高达 70 K 或更高(根据植被覆盖而定)。通过相反关系,在植被覆盖约为 5 kg/m² 的地区(典型的成熟作物地或灌木带),土壤湿度的微波测量精度可达 0.04 g/cm³。

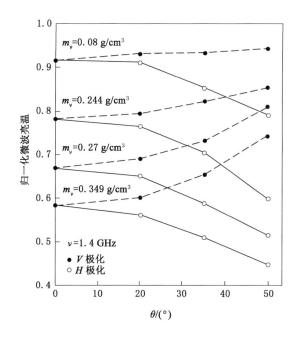

图 2-35 光滑土壤表面归一化微波亮温与观测角度、极化和土壤
湿度的关系曲线

图 2-36 显示了 SMAP(Soil Moisture Active/Passive)主-被动遥感卫星获取得到的土壤湿度异常影像。SMAP 是 NSAS 第一个专门用于测量土壤含水量的卫星,SMAP 的辐射计可以检测土壤表层 5 cm 的含水量,用于分析是否有足够的水供植物正常生长并达到最佳产量。图中给出了 2018 年7 月的澳大利亚土壤湿度相对于标准湿度的异常分布图。从图中可观察到新南威尔士州的大面积土壤干旱现象。据新闻报道,2018 年 7 月是澳大利亚自 2002 年以来最干旱的月份,干旱已经破坏了大片的牧场和耕地,其中

新南威尔士州遭受的打击最为严重,这和遥感影像中所指示的干旱情况一致。

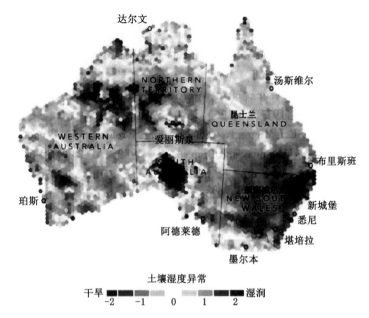

图 2-36　SMAP 遥感器获取的澳大利亚土壤湿度异常图

第三章　遥感光谱分析技术

遥感光谱技术是用很窄而连续的光谱通道对地物持续遥感成像的技术。在可见光到短波红外波段的光谱分辨率高达纳米(nm)数量级,通常具有波段多的特点,光谱通道数多达数十甚至数百个以上,而且各光谱通道间往往是连续的,因此遥感光谱技术又通常被称为成像光谱遥感。

第一节　基本光谱分析技术

一、地物波谱与波谱库

光学遥感技术的发展经历了:全色(黑白)→彩色摄影→多光谱扫描成像→高光谱遥感四个历程。

高光谱分辨率遥感是用很窄(<10 nm)而连续的光谱通道实现地物成像的技术。在可见光到短波红外波段,其光谱分辨率高达纳米数量级。高光谱遥感通常具有图谱合一、波段多等特点,在空间成像的同时记录下上百个连续光谱通道数据,而每个像元均可提取出一条连续的光谱曲线(图 3-1),因此高光谱遥感又通常被称为"成像光谱遥感"。

不同地物的种类和环境的变化使反射和辐射电磁波随波长的变化而变化。通常用二维曲线表示,横坐标表示波长 λ,纵坐标表示反射率 ρ,称为"波谱曲线"。地物波谱可以通过波谱仪等仪器测量,也可以从高光谱图像上获取。

ENVI 波谱库文件包括一个头文件(.hdr)和一个二进制文件(.sli),使用波谱工具可以方便查看每一种波谱文件的波谱曲线。

1. 标准波谱库与浏览

ENVI 自带 5 种标准波谱库,存放在…\programfiles\Exelis\ENVI51\

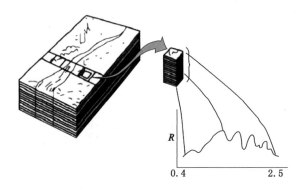

图 3-1　高光谱影像与光谱曲线

classic\spec_lib 文件夹中,由.hdr 和.sli 文件组成。

① IGCP264 波谱库。该波谱库由 5 部分组成,通过对 26 个优质样品用 5 个不同的波谱仪测量获得(表 3-1)。存放路径:spec_lib\igcp264。

表 3-1　IGCP 波谱库列表

波谱文件	波长范围/μm	波长精度/nm
igcp_1	0.7～2.5	1
igcp_2	0.3～2.6	5
igcp_3	0.4～2.5	2.5
igcp_4	0.4～2.5	近红外 0.5,可见光 0.2
igcp_5	1.3～2.5	2.5

② JHU 波谱库。来自 Johns Hopkins University(JHU)的波谱库,波长范围 0.4～25 μm。存放路径:spec_lib\jhu_lib,波谱库种类见表 3-2。

表 3-2　JHU 波谱库列表

波谱文件	地物种类	波长范围/μm
ign_crs	粗糙火成岩	0.4～14
ign_fn	精细火成岩	0.4～14
lunar	Lunar Malerals	2.08～14
manmade1	人造原料	0.42～14
manmade2	人造原料	0.3～12

表3-2（续）

波谱文件	地物种类	波长范围/μm
mela_crs	粗糙变质岩	0.4～14.98
mela_fn	精细变质岩	0.4～14.98
meleor	陨星	2.08～25
minerals	矿物	2.08～25
sed_crs	粗糙沉积岩	0.4～14
sed_fn	精细沉积岩	0.4～14.98
snow	雪	0.3～14
soils	土壤	0.42～14
veg	植被	0.3～14
water	水体	2.08～14

③ JPL 波谱库。该波谱库波长范围 0.4～2.5 μm，来自 3 种不同粒径，160 种"纯"矿物的波谱。其中，0.4～0.8 μm 波长精度为 1 nm，0.8～2.5 μm 波长精度为 4 nm。存放路径：spec_lib\jpl_lib，包括以下 3 个波谱库：a. jpl1，粒径＜45 μm；b. jpl2，粒径 45～125 μm；c. jpl3，粒径 125～500 μm。

④ USGS 矿物波谱库。美国 USGS 矿物波谱库波长范围 0.4～2.5 μm，包括 500 种典型的矿物，近红外波长精度 0.5 nm，可见光波长精度 0.2 nm。存放路径：spec_lib\ usgs_min。

⑤ VEG 植被波谱库。植被波谱库分为 USGS 植被波谱库和 Chris Elvidge 植被波谱库。波长范围都为 0.4～2.5 μm。存放路径：spec_lib\veg_lib。

USGS 波谱库包括 17 种植被波谱（usgs_veg），近红外波长精度 0.5 nm，可见光波长精度 0.2 nm；Chris Elvidge 植被波谱库包括：a. 干植被波谱（veg_1dry），波长范围 0.4～0.8 μm，波长精度 1 nm；b. 绿色植被波谱（veg_2grn），波长范围 0.8～2.5 μm，波长精度 4 nm。

通过 ENVI 自带的波谱工具可以浏览标准波谱库中的波谱曲线。

a. 启动 ENVI，在主菜单点击 Display/Spectral Library Viewer，在弹出的窗口左侧为系统自带的标准波谱库，打开 USGS 波谱库并选择 5 种不同矿物的波谱曲线，可以看到对应的波谱曲线以及属性信息，如图 3-2 所示。

b. 在 Spectral Library Viewer 对话框中，可以看到波谱曲线 X、Y 坐标轴，点击 X 和 Y 下拉框有多种属性选择。

X 轴属性选择：

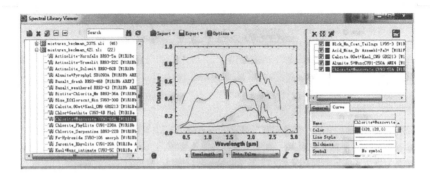

图 3-2　不同矿物的波谱曲线

　　Wavelength：（默认显示）影像波长。Index：波段 i，i 代表影像具有 i 个波段。Wavenumber：波数，即 $1/$wavelength，波数与波长成反比关系，波长越小，波数就越大。

　　Y 轴属性选择：

　　Data Value：（默认显示）影像原始值。Continuum Removed：包络线去除。Binary Encoding：二进制编码，重新生成 0 与 1 的波频曲线。

　　c. Spectral Library View 对话框中常用按钮介绍：

　　🗁：打开波谱库文件。❌：移除选中的波谱库文件。📦：移除所有的波谱库文件。Import（导入文件）：可直接导入 ASCII 和波谱库形式文件到波谱曲线显示窗口（图 3-3）。

图 3-3　导入数据

　　Export（导出文件）：可导出 ASCII 和波谱库形式文件；Image、PDF 和 PostScript 格式；Copy（复制波谱曲线）；Print（打印曲线）和在 PPT 中显示（图 3-4）。

　　Options（选项工具）：打开新的 Plot 窗口；在波谱曲线上显示十字丝；添加波谱图例（图 3-5）。

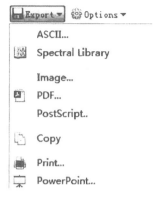

图 3-4　导出数据

图 3-5　选项功能

2. 波谱库的创建

ENVI 可以从波谱源中构建波谱库,波谱来源包括:ASCII 文件、ASD 波谱仪获取的波谱文件、标准波谱库、感兴趣区/矢量区域平均波谱曲线、波谱剖面和曲线等。下面介绍波谱库创建的操作步骤:

第一步:输入波长范围。

① 打 开 ENVI,选 择 Toolbox/Spectral/Spectral Libraries/Spectral Library Builder,打开 Spectral Library Builder 对话框。

② 为波谱库选择波长范围和 FWHM 值,有三个选项:

Data File(ENVI 图像文件):波长和 FWHM 值(若存在)从选择文件的头文件中读取。

ASCII File:波长值与 FWHM 值的列的文本文件。

First Input Spectrum:以第一次输入波谱曲线的波长信息为准。

第二步:波谱收集。

在 Spectral Library Builder 面板中,点击 First Input Spectrum,然后点击

OK 按钮,在弹出来的对话框中,菜单栏 Import 按钮有多种波谱收集的方法,详细说明见表 3-3。

表 3-3 波谱收集方法介绍

菜单命令	功能
From ASCII file	当选择好文本文件时候,需要在 Input ASCII File 面板中为 X 轴和 Y 轴选择文本文件中相应的列。当选择 from ASCII file(previous template)时,自动按照前面设置导入波谱信息
From ASD binary files	从 ASD 波谱仪中导入波谱曲线。波谱文件将被自动重采样以匹配波谱库中的设置。当 ASD 文件的范围与输入波长的范围不匹配,将会产生一个全 0 结果
From Spectral Library file	从标准波谱库中导入波谱曲线
From ROI/EVF from input file	从 ROI 或者矢量 EVE 导入波谱曲线,这些 ROI/EVF 关联相应的图像,波谱就是每个要素对应图像上的平均波谱
From Stats file	从统计文件中导入波谱曲线,统计文件的均值波谱将被导入
From Plot Windows	从 Plot 窗口中导入波谱曲线

下面介绍如何从高光谱影像上收集波谱。

① 启动 ENVI。

② 打开高光谱数据并在 Display 中显示。

③ 点击主菜单栏 Display/Profiles/Spectral,在 Spectral Profiles 对话框中显示当前所选择像元对应的波谱曲线。

④ 找到要收集的像元,在 Spectral Library Builder 面板中点击 Import/from Plot Windows,在弹出的对话框中选中波谱,点击 OK 按钮导入。

⑤ 导入的波谱显示在列表中,可双击鼠标修改名称和颜色的字段信息。

上述方法是收集影像上单个像元的波谱曲线,收集某个区域的平均波谱曲线步骤如下:

① 创建一个感兴趣区或者打开一个感兴趣区样本文件。

② 在影像上绘制某一地物的区域,完成后在 Spectral Library Builder 面板中点击 Import/from ROI/EVF from input file,在弹出的对话框中选择该影像作为波谱来源,点击 OK 按钮,选中绘制的感兴趣区导入列表中。

③ 在 Spectral Library Builder 面板中选中某一类感兴趣区,点击 Plot,绘

制该感兴趣区的平均波谱曲线。

第三步:保存波谱库。

① 在 Spectral Library Builder 面板中,点击 Select All,将样本全部选中。

② 选择菜单栏 File/Save spectra as/Spectral Library file,打开 Output Spectral Library 对话框。

③ 在 Output Spectral Library 面板中,可以输入以下参数:

Z 剖面范围:空白(Y 轴的范围,根据波谱值自动调节)。

X 轴标题:波长。

Y 轴标题:反射率。

反射率缩放系数:空白。

波长单位:Nanometers(纳米)。

X 值缩放系数:1。

Y 值缩放系数:1。

④ 选择输出路径及文件名,单击 OK 按钮,保存波谱库文件。

二、高光谱地物识别

高光谱影像上每一个像元均可以获取一条连续的波谱曲线,理论上已知的波谱曲线和影像上获取的波谱曲线是一致的,这样能够区分每个像元属于哪种物质。

ENVI 中提供了功能强大的光谱分析方法,比如 SMACC 端元提取技术、波谱归一化处理、MNF 变换的噪声分析、像元纯度分析、N 维散度分析等功能,还具有二进制编码、波谱角分类、线性波段预测(LS-Fit)、线性波谱分离、光谱信息散度、匹配滤波、混合调制匹配滤波(MTMF)、包络线去除、光谱特征拟合、多范围光谱特征拟合等高光谱分析方法。

1. 基于标准波谱库的地物识别

本实例使用波谱角分类方法对高光谱影像进行地物识别,具体步骤如下。

第一步:选择端元。

① 启动 ENVI,打开高光谱数据 Cuprite Reflectance.dat。

② 单击主菜单 Display/Spectral Library Viewer,打开 usgs(1994)/minerals_asd_2151.sli,选择 Alunite、Calcite、Protlanndite、Prehnite 四种矿物的端元波谱并修改备注名。

第二步:地物识别。

① 在 Toolbox 中,打开 Classification/Endmember Collection 工具,在弹

出的对话框中选择高光谱数据 Cuprite Reflectance.dat,点击 OK 按钮。

② 在 Endmember Collection 面板中,选择 Import/from Plot Windows。将 4 个端元波谱全部选中,点击 OK 按钮。

③ 在主菜单上选择 Algorithm/Spectral Angle Mapper 波谱角识别方法。

④ 单击 Select All,选中所有的端元波谱,点击 Apply。

第三步:结果输出。

在 Spectral Angle Mapper Parameters 面板中设置波谱角阈值为 0.15,选择输出路径,点击 OK 按钮就可以显示了。

2. 自定义端元波谱的地物识别

本实例将从高光谱影像上获取端元波谱,具体步骤如下。

第一步:构建端元波谱库。

① 启动 ENVI,打开高光谱数据 Cuprite Reflectance.dat。

② 在图层管理器中选中 Cuprite Reflectance.dat,点击右键 New Region of Interest,创建感兴趣区并在影像上绘制多个不同地物的多边形区域。

③ 点击 Toolbox/Classification/Endmember Collection 工具,在弹出的对话框中选择菜单栏上的 Import/from ROI/EVF from input file,选中上一步中绘制的多个感兴趣区,点击 OK 按钮。

④ 在 Endmember Collection 面板中选择 Select All,点击 File/Save Spectra as/Spectral Library File,将获取的端元波谱保存为端元波谱文件。

第二步:确定端元波谱类型。

① 在 Toolbox 中,选择/Spectral/Spectral Analyst 工具,在弹出的对话框的右下角选择 Open＞Spectral Library,选择标准波谱库 USGS 作为对比波谱库,点击 OK 按钮。

② 在弹出的 Edit Identify Methods Weighting 对话框中按照默认设置,点击 OK 按钮。

③ 在 Spectral Analyst 面板上,选择 Options/Edit(x,y)Scale Factors,设置 X Data Multiplier 为 0.001,设置 Y Data Multiplier 为 0.000 1,点击 OK 按钮。

④ 返回 Spectral Analyst 面板,点击 Apply,依次选择绘制的感兴趣区,点击 OK 按钮,查看分值最高的地物名称。

⑤ 重复步骤④,分别记录感兴趣区所对应分值最高的地物名称,在 Endmember Collection 面板中对应修改。

第三步:地物识别。

① 在 Endmember Collection 面板中,选择 Algorithm/Spectral Angle

Mapper 波谱角识别方法。

② 选择 Select All,将所有端元波谱全部选中,点击 Apply。

③ 在弹出的 Spectral Angle Mapper Parameters 对话框中,设置波谱角阈值为 0.02,选择输出路径,点击 OK 按钮,地物识别结果即可显示。

第二节 高级光谱分析

ENVI 提供了多种高级光谱分析方法,大部分位于 Toolbox/Classification/Endmember Collection 工具中,打开该工具选择高光谱影像,点击 OK 按钮,在弹出的对话框中选择 Algorithm 按钮,列出一系列光谱分析方法可供选择,下面分别对几种分析方法进行说明。

1. 线性波谱分离法

该工具可依据物质的波谱特征来获取影像中地物的丰度信息,即混合像元分解过程。假设影像中某个像元包含了多种地物的信息,即为混合像元,设该像元中地物 A 占 25%,地物 B 占 25%,地物 C 占 50%,则该像元的波谱就是三种地物波谱的一个加权平均值,即:$0.25A + 0.25B + 0.5C$。线性波谱分离法解决了像元中每个端元波谱的权重问题。

ENVI 线性波谱分离要求端元波谱数量少于图像波段数,收集的端元将自动重采样,以与要被分离的多波段影像的波长相匹配。

在 Unmixing Parameters 对话框中,需要设置分离是否使用总和的限制极值(图 3-6)。

图 3-6 Unmixing Parameters 对话框

Yes:不限制,丰度可以为负值,且总和不限制在 1 以内。No:使用总和限制,默认权重为 1。权重越大,所进行的分离就越满足设定的限制条件,推荐权重的大小是数据方差的数倍。

2. 匹配滤波

该工具可以局部分离以获取端元波谱的丰度。该方法将已知端元波谱的响应最大化,抑制未知背景合成的响应,最后匹配已知波谱。该方法无须对影像中所有端元波谱进行了解就可以快速探测出特定要素。

在 Matched Filter Parameters 对话框中,可选择 Compute New Covariance Stats 重新计算影像协方差,或切换到 Use Existing Stats File 选择外部协方差文件。

勾选 Use Subspace Background,设置背景阈值用于计算子空间的背景统计,阈值范围是 0.5～1(整幅影像)。浮点型结果提供了像元与端元波谱相匹配程度,近似混合像元的丰度,1 代表完全匹配(图 3-7)。

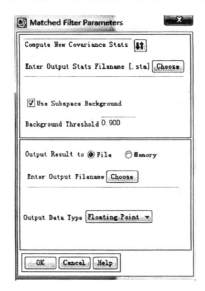

图 3-7　Matched Filter Parameters 对话框

3. 混合调制匹配滤波

该工具和匹配滤波中的参数设置一致,唯一不同的是需要输入 MNF 变换文件。该方法的结果是每个端元波谱对比每个像元得到的 MF 匹配影像以及相应的不可行性影像。浮点型的 MF 匹配值影像表示像元与端元波谱匹配程度,近似亚像元的丰度,1 代表完全匹配;不可行性(Infeasibility)值以 sigma 噪声为单位,显示了匹配滤波结果的可行性(图 3-8)。

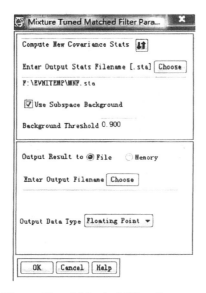

图 3-8　Mixture Tuned Matched Filter Parameters 对话框

4. 最小能量约束法

　　CEM 使用有限脉冲响应线性滤波器和约束条件,最小化平均输出能量,以抑制影像中的噪声和非目标端元波谱信号,即抑制背景光谱,定义目标约束条件以分类目标光谱(图 3-9)。

图 3-9　Constrained Energy Minimization Parameters 对话框

该方法推荐使用 MNF 变换文件作为输入文件,计算过程中可以选择相关系数矩阵或者协方差矩阵。得出结果是每个端元波谱对比每个像元得到的灰度图像,像元值越大表示越接近目标。

5.自适应一致性估计法

该工具在分析过程中,输入波谱的相对缩放比例作为 ACE 的不变量,这个不变量参与检测恒虚警率。使用方法与匹配滤波一致,在此不再阐述。自适应一致估计法的结果是每个端元波谱比较每个像元的灰度图像,像元值表示接近目标的程度。

6.正交子空间投影法

首先构建一个正交子空间投影用于估算非目标光谱响应;然后用匹配滤波从数据中匹配目标,当目标波谱很特别时,正交子空间投影(OSP)效果非常好。OSP 要求至少两个端元波谱。OSP 结果是每个端元波谱对比每个像元得到的灰度图像。像元值表示接近目标的程度,可以用交互式拉伸工具对直方图后半部分拉伸。

7.波谱特征拟合

波谱特征拟合(SFF)是一种基于吸收特征的方法,使用最小二乘法对比图像波谱与参考波谱的匹配。SFF 要求输入的数据是经过包络线去除,如果没有,ENVI 将动态地对文件进行包络线去除,这使处理速度减慢。

在 Spectral Feature Fitting Parameters 对话框中,可以选择 Output separate Scale and RMS Images 或者 Output Combined(Scale/RMS)Images 两种输出结果(图 3-10)。

图 3-10　Spectral Feature Fitting Parameters 对话框

选择 Output separate Scale and RMS Images 时,在比例图像中,较亮的像元表明该区域与端元波谱匹配较好。如果输入了错误的端元波谱或使用了错误的波长范围,就会出现一个远大于 1 的比例值。在 RMS 图像中,像素值越小表示误差值越低。

在一幅图像中确定与端元波谱匹配最好的区域,将 RMS 和 Scale 值作为 X、Y 轴构成的二维散点图。在散点图中选择 RMS 值低,Scale 值高的区域作为感兴趣区,这些感兴趣区就是与端元波谱匹配最好的像素。另外一种生成结果是拟合图像(Scale/RMS),较高的拟合值表明该像元与端元波谱匹配较好。

8. 多范围波谱特征拟合

多范围波谱特征拟合(Multi Range SFF)可以使用多个波长范围对每个端元波谱进行波谱特征拟合,尤其适用于波谱表现为多个吸收特征。在 Edit Multi Range SFF Endmember Ranges 对话框中,选择端元波谱,设置在波谱特征拟合中要使用的端元波谱波长范围。

① 波谱曲线上用鼠标左键点击在所需的波长范围起点处,出现一个菱形的标志,点击右键选择 Set as Start Range,波长值出现在 Start Range 文本框中。同理,在波长范围的终点处也选择一个波长,记录波长值在 End Range 文本框中。

② 点击 Add Range 按钮,包络线去除后的吸收特征曲线绘制在右上方窗口,旁边的数值代表它的强度刻度。值越低,表示特征强度越大(每一个端元波谱都要设置至少一个波长范围)。

③ 点击 OK 按钮,打开 Multi Range SFF Parameters 对话框,操作步骤参考波谱特征拟合法。

上面介绍完 Endmember Collection 面板的几种光谱分析技术,下面介绍的两种方法是在 Toolbox/Spectral/Mapping Methods 中。

9. 线性波段预测法

该方法使用一个最小方框拟合技术进行线性波段预测,可用于在数据集中找出异常波谱相应区。先计算出输入数据的协方差,用它对所选的波段进行预测模拟,预测值作为预测波段线性组的一个增加值。还计算实际波段和模拟波段之间的残差,并输出一幅图像,残差大的像元表示出现了不可预测的特征。

① 在 Mapping Methods 中选中 Least Squares-Fit New Statistics 打开,选择输入文件,点击 OK 按钮,弹出 IS-Fit Parameters 对话框。

② 在 LS-Fit Parameters 面板的左侧 Select the Predictor Bands 列表中选择作为预测值的波段(可多选)。

③ 在右侧 Select the Model Bands 列表中选择被模拟的波段(如果选择的波段已作为预测值,则不能再次选择)。

④ 计算统计时,在 Stats X/Y Resize Factor 文本框中键入一个小于 1 的调整系数,可以降低统计文件的分辨率而提高效率。

⑤ 选择输出路径,点击 OK 按钮。

输出包含两个波段:模拟波段和残差图像。残差图像中绝对值较大的像元表示所在位置的实际波段和模拟波段的差异。

10. 包络线去除

包络线去除是将反射波谱归一化的一种方法,能有效地突出曲线的吸收和反射特征,使得可以在同一基准线上对比吸收特征。经过包络线去除后的图像,有效地抑制了噪声,突出了地物波谱的特征信息,便于图像分类和识别。

① 在 Mapping Methods 中选中 Continuum Removal 并打开,选择影像,点击 OK 按钮。

② 在弹出的 Continuum Removal Parameters 对话框中设置输出路径,点击 OK 按钮。

在包络线去除图像中,包络线和初始波谱匹配处,波谱等于 1,出现吸收特征的区域波谱小于 1。为得到最好的结果,利用 Spectral Subset 选择包含吸收特征的波段。

第三节　目标探测与识别

高光谱影像不仅应用于一般的图像分类,还应用于目标探测、地物识别等。图像分类更多的是在地物覆盖和物质成分上,目标探测和识别则是对特定对象的搜索,其结果是"有"或者"没有"。

一、去伪装目标探测

去伪装目标探测是利用高光谱影像的地物识别能力,从影像上探测遮掩或者伪装的目标,比如一种特殊物质、矿物甚至军事目标等。

本节以影像上探测一个目标为例,介绍 ENVI 的 Target Detection Wizard 工具的操作流程。示例数据包含 384 个波段,波段覆盖 382～2 500 nm 的高光谱数据,主要的流程:从影像上目视解译一个目标,以这个目标的平均波谱作为参考,搜索整幅影像,识别具有类似或者相同波谱的目标。

第一步:打开数据并绘制目标多边形。

① 打开高光谱数据 nvis_subl_hsi.img。

② 在图层管理器中选中高光谱文件,右键创建一个感兴趣区。对照高分影像得知该位置有一辆坦克,修改 ROI 名称为坦克。

第二步:打开目标探测流程化工具。

① 打开位于 Toolbox/Target Detection/Target Detection Wizard 工具,在弹出的对话框中单击 Next。

② 单击 Select Input File,选择高光谱数据 nvis_subl_hsi.img;单击 Select Output Root Name,选择输出结果的根目录。单击 Next 按钮进入大气校正(Atmospheric Correction)面板。

③ 此时数据是经过大气校正的,选择 None/Already Corrected 选项,单击 Next 进入 Select Target Spectra 面板。

④ 在 Select Target Spectra 面板选择 Import/From ROI/EVF from input file,选择列表中的坦克,点击 OK 按钮。单击 Select All,选中目标波谱,然后单击 Next 进入 Select Non-Target Spectra 面板。

注:a. 如果需要探测多个目标,则输入多个目标的波谱,单击 Select All 选择列表中所有目标波,单击 Next 执行下一步操作。

b. 当使用 Orthogonal Subspace Projection(OSP)、Target-Constrained Interference-Minimized Filter(TCIMF)和 Mixture Tuned Target-Constrained Interference-Minimized Filter(MTTCIMF)三种波谱分析方法时,需要至少两个目标波谱。

⑤ 在 Select Target Spectra 面板中可以选择易与目标波谱混淆的波谱作为背景波谱,有助于提高探测精度。这里选择 No,单击 Next 进入 Apply MNF Transform 面板。

⑥ 在 Apply MNF Transform 面板中,选择 Yes;单击 Show Advanced Options,默认选择全部的 MNF 波段;单击 Noise Stats Shift Diff Spatial Subset,默认选择整个图像用于统计噪声;单击 Next 执行 MNF 变换,计算完成后自动进入 Select Target Detection Methods 面板。

注:MNF 变换可以分离噪声,对数据降维以减少计算量。如果选择 No,那么将不能选择 TCIMF 和 MTTCIMF 识别方法。

⑦ 在 Select Target Detection Methods 面板选择 CEM、ACE 和 MTMF 三种方法,单击 Next 执行分析,之后自动进入 Load Rule Images and Preview Result 面板。

⑧ 在 Load Rule Images and Preview Result 面板中,在 Target 列表中显

示所有探测目标参考波谱,在 Method 列表中选择相应分析方法,设置规则阈值或者在散点图上选择点云将目标分离。

在 Method 列表中选择 CEM,Rule Threshold:0.2。

在 Method 列表中选择 ACE,Rule Threshold:0.1。

在 Method 列表中选择 MTMF,自动会生成一个 MF scores 和 infeasibility values 的散点图,选择高 MF scores 和低 infeasibility values 的点云,就是探测到的目标。

单击 Next 执行从规则图像中分离目标,进入 Filter Targets 面板。

注:a. 对于 MF、CEM、ACE、SAM、OSP 和 TCIMF,ENVI 自动生成默认阈值。当手动修改阈值时,调整阈值越小,得到的目标点越多,"假目标"也随之增多,SAM 刚好相反。

b. 对于 MTTCIMF 和 MTMF,ENVI 自动生成 MF scores 和 Infeasibility values 的整个图像的散点图。用鼠标左键绘制多边形区域选择点云,鼠标右键结束选择。鼠标中键拉框可放大点云,单击中键回到上一个视图,同时之前选择的点云被取消,当选择错误时候用这个功能重新选择点云。

⑨ 在 Filter Targets 面板提供分类后处理的方法(Clumping 和 Sieving)用于去除结果中的小斑点。Clumping 是用卷积的方法定性去除小斑点;Sieving 是用定性的方法去除小斑点,通过设置最小聚类像素个数(Group Min Threshold)移除小斑点。按照默认设置单击 Next 进入 Export Results 面板。

⑩ 在 Export Results 面板中,可以将探测结果输出为感兴趣区(ROI)和矢量(Shapefile),按照默认设置点击 Next,进入最后一个面板 View Statistics and Report,自动统计探测的结果,且探测的所有结果自动加载到 ROI Tool 中并显示在图上。定位探测结果(169,163)是一个树林掩盖的目标,点击 Finish 完成。ENVI 还具备了基于 BandMax 向导的 SAM 目标探测工具。该工具可以引导我们完成高光谱影像的目标探测。向导的 BandMax 工具能找到最佳的波谱子集从而区分背景和目标,并节省处理的时间。

如处理结果理想,那么可以点击 Finish 退出向导。如果检验结果显示波段子集不充分,向导会返回到第二步,需要重新输入目标和背景波谱,然后利用 BandMax 选择最合适的波段子集以及利用 SAM 对输入数据重新分类。处理分析完成后,向导中将显示分析报告。如果需要,我们可以保存这个文件以备后用。向导得出的影像结果会显示在 ENVI 的 Data Manager 中。如果输入数据的质量不好或者设置了不合适的参数,有可能得到不理想的结果。

二、基于波谱沙漏工具的地物识别

波谱沙漏工具是把数据维数判断、端元波谱选择、波谱识别和结果分析集成的一个流程化工具,可对高光谱影像进行地物识别。

第一步:打开波谱沙漏工具并选择高光谱影像。

① 在 Toolbox 中打开 Spectral/Spectral Unmixing/Spectral Hourglass Wizard 向导。

② 点击 Select Input File,选择高光谱数据,在 Select Output Root Name 选择输出路径,点击 Next。

第二步:数据维数判断。

① 设置 MNF 变换参数,默认是全部波段输出,点击 Next。

② 单击 Load MNF Result to ENVI Display 查看 MNF 变换结果(显示亮、颜色纯的像元是占优势的纯净像元)。

③ 单击 Load Animation of MNF Bands 可以动态浏览 MNF 结果,后面的波段基本是噪声,查看完毕后点击 Next。

④ 计算数据维数,点击 Calculate Dimensionality,设置 Threshold Level 为 0.8(即选择信息量达到 80%的波段数量),回车,点击 OK 按钮,数据维数自动修改为 43,点击 Next。

第三步:端元波谱选择。

① Drive Endmembers from Image? Yes 或者 No。如果选择 No,则需要从外部文件中获取端元波谱;如果选择 Yes,则从图像上获取端元波谱。这里我们选择 Yes,点击 Next。

② 计算纯净像元指数。需要设置三个参数,本次设置按照默认值,点击 Next。注:迭代次数(Number of PPI Iterations)。

设定数据被映射到随机向量的次数。迭代次数越多,ENVI 越能较好地发现极值像元。但要平衡迭代次数与所用时间的关系。每次迭代所需的时间是由 CPU 和系统的配置决定的。

以数据位数为单位键入一个阈值。例如,阈值为"2",则只有 DN 值与极值像元的差值大于两位数的像元才被标为极值。该阈值在映射向量的末端选取像元。阈值应是数据噪声等级的 2~3 倍。例如,对于 TM 数据,它的噪声通常小于 1 DN,因此阈值用 2 或 3 即可。当用包含标准化噪声的 MNF 数据时,1 DN 等于 1 标准差,因此阈值用 2 或 3 即可。较大的阈值将使得 PPI 找到更多的极值像元,但是它们可能不是"纯"的端元。

最大使用内存(PPI Maximum Memory Use)：默认是 10 M,可根据内容大小自行调整。

③ 这一步是选择 PPI 的个数,以便在 N 维散点图中选择波谱端元。默认是 10 000 个 PPI 纯净像元,点击 Next。

④ 在 N 维可视化空间,自动选择了部分端元,可以手动修改或者重新收集部分端元波谱。直到在每个角度下,各类端元都是离散的。

⑤ 在流程化工具面板中,点击 Retrieve Endmembers,右侧的 Endmember List 窗口下面就列出了选择的几类端元,点击 Plot Endmembers,绘制出几类端元的波谱曲线。

⑥ 点击 Next,是否输入其他的端元波谱,默认为 No。如果选择 Yes,则会打开波谱收集工具,这里按照默认 No,点击 Next。

第四步：波谱识别与结果分析。

① 提供了三种高光谱制图的方法：SAM 光谱角法、MTMF 法以及 Unmixing法,这里选择 SAM 光谱角法,最大光谱角度阈值设置为 0.05,点击 Next。

② 查看分类的结果(若是结果不理想,可以点击 Prev,调节阈值或者选择其他分类方法),完成光谱分析,最后打印出了流程化操作过程的记录,可以保存为文本文件,以供查看。

第四节　柑橘的光谱混合像元分解识别

混合像元分解是近年来随着高光谱技术的发展而兴起的一种遥感图像处理技术,利用该技术可以求解出混合像元中不同地物所占的丰度值,并通过该值实现地物信息识别和提取。本节以 EO-1 Hyperion 高光谱影像作为数据源,采用混合像元分解方法得到柑橘端元的丰度值,并构建其丰度与柑橘实际种植的对应关系,实现了高光谱影像柑橘识别与提取。波谱识别流程如图 3-11 所示。

第一步：打开数据。

启动 ENVI,打开高光谱数据会昌区域.dat(影像已进行了预处理和大气校正,"会昌"为江西会昌)。

第二步：MNF 正反变换。

① 在 Toolbox 中,打开 Transform/MNF Rotation/Forward MNF Estimate Noise Statistics,选择会昌区域.dat,点击 OK 按钮。

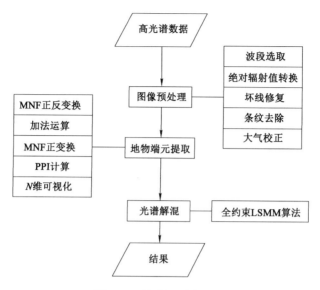

图 3-11　波谱识别流程图

②在 Output MNF Stats Filename 输出 MNF 反向变换文件,在 Enter Output Filename 输出 MNF 正向变换文件,其他参数默认,点击 OK 按钮。

注:由于系统噪声的影响,几何顶点提取的结果不能有效地代表背景地物的特点。MNF 变换可以被用来消除数据中的噪声,目的是下一步提取纯净像元。

③在 Toolbox 中,打开 Transform/MNF Rotation/Inverse MNF Rotation,选择 mnfl.dat,在 Spectral Subset 中选择"好"波段,点击 OK 按钮,弹出的对话框选择 IN_mnfl.sta 进行 MNF 反向变换,输出文件为 IN_mnfl.dat。

注:通过运行 MNF 正向变换,判断哪些波段包含相关图像,再用波谱子集(只包括"好"波段)进行一次反向的 MNF 变换。

④以 IN_mnfl.dat 为源数据,重复步骤②和步骤③进行 4 次 MNF 正反变换。

第三步:加法运算。

在 Toolbox 中,打开 Band Ratio/Band Math,将 MNF 正反变换后的 4 个新影像进行波段加法运算。

注:加法运算主要用于将同一地区的多幅遥感影像求平均,这样可以有效地减少存在于遥感影像之中的加性噪声。

第四步:端元波谱提取。

① 在 Toolbox 中,打开 Transform/MNF Rotation/Forward MNF Estimate Noise Statistics,选择加法运算后的新影像,点击 OK 按钮。

② 只进行 MNF 正变换,选择输出路径及文件名,其他参数默认,点击 OK 按钮。

③ 在 Toolbox 中,打开 Spectral/Pixel Purity Index/［FAST］New Output Band,选择上一步 MNF 变换后的结果,单击 Spectral Subset,选择前 20 个波段,点击 OK 按钮。

④ 在 PPI 计算参数面板中,设置迭代次数(Number of Iterations):默认为 10 000 和阈值(Threshold Factor):2.5。迭代次数越高,结果的精度越高,但是计算越慢;阈值越小,得到结果的精度越高,但是得到纯净数量越小。这里设置迭代次数为 8 000 次,阈值为 3。

⑤ 在 PPI 的结果上点击右键,选择 New Region of Interest,在 ROI Tools 窗口选择 Threshold,选择 PPI 结果,Min Value 设置为 10,Max Value 到最大值,回车,点击 OK 按钮,看到阈值范围的 ROI 显示在图层上。

⑥ 在 Toolbox 中,打开 Spectral/n-Dimensional Visualizer/n-Dimensional Visualizer New Data,选择 MNF 变换结果,点击 OK 按钮。

⑦ 在 n-D Selected Bands 列表框中,选择前 5 个波段,设置 Speed 为 20,单击 Start,构成的散点图在 N 维可视化窗口中旋转,转动到一定程度时,单击 Stop,在视图中点击鼠标右键 New Class 勾画认为属于同一类地物的区域。继续单击 Start 查看选择的点是否集中,如果点不集中,选择 Class＞Items 1:20＞White,选择散落的点删除。

⑧ 在散点图上,单击右键选择 Mean All,选择高光谱数据作为波谱曲线源数据,自动绘制样本内的像元平均波谱,修改地物名称并点击 Export 导出波谱曲线。

第五步:波谱识别。

利用 ENVI 官方的扩展工具:完全约束最小二乘法对提取的端元波谱进行混合像元分解。

① 在 Toolbox 中,打开 Extensions/FCLS Spectral Unmixing,选择高光谱影像,点击 OK 按钮。

② 在弹出的 Endmember Collection 面板中,点击 Import/from Spectral Library file;在 Spectral Library Input File 对话框中,点击 Open/Spectral Library,选择上面获取的端元波谱,点击 OK 按钮。

③ 在弹出的 Input Spectral Library 面板中,点击 Select All Items,然后

点击 OK 按钮。

④ 回到 Endmember Collection 面板,点击 Select All,点击 Apply,得出解混结果。

第五节　复垦植被波段检测与判别

本节主要是介绍基于高光谱数据的复垦植被判别分析所使用到的三种方法。其中,T-test(T 检测)法主要是用于对植被光谱特征波段进行敏感度检测;费希尔(Fisher)判别法和贝叶斯(Bayes)判别法主要是用于复垦植被的判别。

一、T-test 法

T-test 法由英国著名数学家威廉·戈塞提出,常被用于判断两个样本均值的差异是否显著。本书中,使用 T-test 法检验上文中基于马氏距离和均值置信区间选择出的特征波段,以期判断每两种复垦植被光谱反射率均值间的差异是否显著,试验过程如下:

首先,将 4 种矿区典型复垦植被两两组成一对,共组成 6 个待检验对,利用 T-test 法对每个特征波段上的两种复垦植被都进行检验,对两种植被间的光谱反射率均值存在显著差异的特征波段标记为 1,否则标记为 0。标记为 1 的特征波段表明两种复垦植被在此波段区间内能被判别,标记为 0 的特征波段则表示为不可判别。其次,统计标记为 1 或 0 的特征波段的数量,标记为 1 的特征波段的数量越多,表明该光谱特征波段越敏感;反之,标记为 0 的越多则表明越不敏感。为了准确地判别矿区复垦植被类型,本研究选择检验对数量至少为 5 作为敏感波段参数标准。最后,统计基于马氏距离和均值置信区间两种方法选择的特征波段被标记为敏感的数量,若小于敏感波段参数标准 5 则需剔除,以此来确定最终的复垦植被最佳敏感波段。

二、费希尔判别法

费希尔判别法是在 1936 年由英国著名统计学家费希尔最早提出的,基本思想是将 N 个 m 维数据投影到某一方向,再利用方差等距离思想判别样本,把 N 个 m 维的样本量记为 $G_1, G_2, \cdots, G_N$,它们的期望与协方差阵记为 $E_r, \sum r > 0 (r = 0, 1, \cdots, N)$,同时已知当 $\sum 1 = \sum 2 = \cdots = \sum N$ 时,需求建立的投影函数 $F(X) = a'X, a \in RN$ 使得投影后各样本量间的差异尽量放大,表示为：

$$\overline{E} = \sum_{r=1}^{N} E_r / N, \overline{B} = \sum_{r=1}^{N} (E_r - \overline{E})(E_r - \overline{E})', A = N \sum \qquad (3-1)$$

式中，B 为 N 个样本量组间的离差阵；A 为 N 个样本量组内离差阵。

若 $\sum-1B$ 的非零特征根 $x_1 \geqslant x_2 \geqslant \cdots \geqslant x_m > 0$，它们对应的单位特征向量分别为 $z_1, z_2, \cdots, z_m$，令：

$$a_1 = z_1 / \sqrt{z_{1'} \sum z_1}, a_2 = z_2 / \sqrt{z_{2'} \sum z_2}, \cdots, a_m = z_m / \sqrt{z_{m'} \sum z_m}$$
$$(3-2)$$

根据上述规定，分别建立第 i 个投影函数：

$$F_i(X) = a'_i X = (z'_i / \sqrt{z'_i \sum z_i}) X \quad (i = 1, 2, \cdots, m) \qquad (3-3)$$

计算出经过投影后的点到各类样本量投影后中心的欧氏距离，再对样本 X 进行判别，投影后的判别函数为：

$$f_r(x) = [F_1(X) - F_1(E_t)]^2 + [F_2(X) - F_2(E_r)]^2 + \cdots +$$
$$[F_m(X) - F_m(E_m)]^2 \quad (r = 0, 1, \cdots, N) \qquad (3-4)$$

最终判别标准为：若 $f_i(X) = \min\limits_{1 \leqslant r \leqslant N} f_r(X)$，则样本 X 属于 F_i。

三、贝叶斯判别法

贝叶斯判别法由英国数学家、统计学家贝叶斯提出，其基本原理为基于各样本量发生的概率分布（即先验概率）来计算出根据"已知信息"样本量发生的概率分布（即后验概率），由后验概率对样本 X 进行判别，同时还会考虑误判造成的损失的一种判别方法，这也是其区别于费希尔判别法的部分。

假设存在 N 个样本 $G_1, G_2, \cdots, G_N$，样本总量为 $G_i (i = 1, 2, \cdots, N)$，它们的先验概率分别为 $q_1, q_2, \cdots, q_N$，每个样本的密度函数分别为 $f_1(x), f_2(x), \cdots, f_N(x)$，根据贝叶斯公式计算它们的后验概率：

$$p(G_i \mid x_0) \frac{q_i f_i(x_0)}{\sum q_i f_i(x_0)} \qquad (3-5)$$

基于此，样本 X 的判别规则为：

$$p(G_i \mid x_0) \frac{q_i f_i(x_0)}{\sum q_i f_i(x_0)} = \max 1 \leqslant i \leqslant k p(G_i \mid x_0) \frac{q_i f_i(x_0)}{\sum q_i f_i(x_0)}$$
$$(3-6)$$

贝叶斯判别的实质就是将样本总量的后验概率尽量最大化，$f_i(x_0)$ 为第 i

个分类下的样本的总体多元分布,若 $f_i(x_0)$ 是多元正态分布,最终判别公式为:

$$D_i = \ln q_i - \frac{1}{2}\ln \sum i - \frac{1}{2}(x - \overline{x_i})' \sum_i^{-1}(x - \overline{x_i}) \qquad (3\text{-}7)$$

式中,$\overline{x_i}$ 为第 i 个分类的类中心;$\sum i$ 为第 i 个方差阵。

四、判别结果分析

1. 特征波段敏感度检测结果

根据 T-test 法对 6 组复垦植被进行最佳光谱敏感波段检测,结果如图 3-12～图 3-15 所示,图中纵轴表明检测为敏感的检测对所出现的频数,范围为 0～6,为了更明显地得到结果,深色部分为标注出的上文所选出的特征光谱波段范围,根据上文规定选择检验对数量至少为 5 的标准。

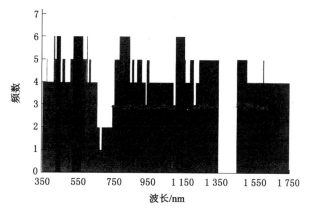

图 3-12　复垦植被原始光谱波段敏感度检测图

从图中可以得出:

① 马氏距离法选择的特征光谱波段:原始光谱 440～463 nm(不敏感)、536～578 nm(敏感);一阶导数光谱 699～730 nm(不敏感)、733～740 nm(不敏感);倒数的对数光谱 442～483 nm(不敏感)、525～578 nm(敏感)、1 032～1 065 nm(敏感);去包络线光谱 396～484 nm(敏感)、536～578 nm(敏感)、639～687 nm(敏感)、911～950 nm(不敏感)、1 110～1 143 nm(敏感)。

② 均值置信区间带法:原始光谱 536～578 nm(敏感);一阶导数光谱 699～707 nm(不敏感);倒数的对数光谱 530～541 nm(敏感)、1 032～1 065 nm(敏感);去包络线光谱 396～496 nm(敏感)、536～558 nm(敏感)、639～687 nm(敏感)、1 110～1 143 nm(敏感)。

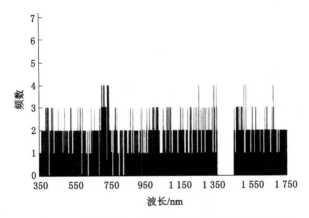

图 3-13　复垦植被一阶导数光谱波段敏感度检测图

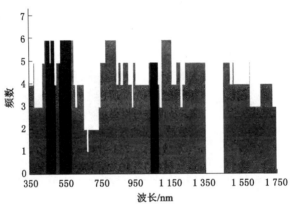

图 3-14　复垦植被倒数的对数光谱波段敏感度检测图

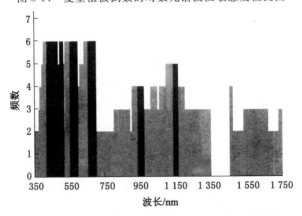

图 3-15　复垦植被去包络线光谱波段敏感度检测图

通过上文分析可知,基于均值置信区间选择的敏感特征波段数量较马氏距离法多,且波段范围更为精确。在此区间范围内,4 种复垦植被可被区分,因此,选择基于均值置信区间带法选择出的光谱特征波段作为后续的植被判别分析波段,最终确定的矿区复垦植被最佳光谱特征波段见表 3-4。

表 3-4　复垦植被最佳光谱特征波段统计表

植被光谱类型	最佳植被光谱特征波段/nm
原始光谱	536～578
一阶导数光谱	—
倒数的对数光谱	530～541、1 032～1 065
去包络线光谱	396～492、536～558、639～687、1 110～1 143

2.判别精度比较

使用得到的 4 种矿区典型复垦植被光谱特征波段,分别运用费希尔判别和贝叶斯判别法进行判别,根据每种不同形式的特征光谱波段求均值得到判别变量。其中,原始光谱、一阶导数、倒数的对数和去包络线光谱分别有 2、0、2 和 4 个变量,判别过程使用 SPSS 软件操作完成。

本研究的判别方法精度验证使用总体分类精度来衡量,总体分类精度由正确分类的样本总和与样本总和的比值得到,基于上述两种判别方法对复垦矿区 4 种植被进行判别得到的误差矩阵,见表 3-5 和表 3-6。

表 3-5　费希尔判别法对 4 种复垦植被判别结果

光谱变换	植被类型	红叶石楠	马尾松	油桐	竹柳	分类精度
R	红叶石楠	27	2	4	7	0.675
	马尾松	5	32	0	3	0.800
	油桐	5	2	28	5	0.700
	竹柳	6	1	3	30	0.750
	总体分类精度					0.731
$\log(l/R)$	红叶石楠	28	1	5	5	0.700
	马尾松	2	27	3	8	0.675
	油桐	1	2	34	3	0.850
	竹柳	2	4	3	31	0.775
	总体分类精度					0.750

表3-5（续）

光谱变换	植被类型	红叶石楠	马尾松	油桐	竹柳	分类精度
	红叶石楠	31	5	2	2	0.775
	马尾松	2	33	1	4	0.825
CR	油桐	1	3	31	5	0.775
	竹柳	1	1	4	34	0.850
	总体分类精度					0.806

表3-6　费希尔判别法对4种复垦植被判别结果

光谱变换	植被类型	红叶石楠	马尾松	油桐	竹柳	分类精度
	红叶石楠	29	2	5	4	0.725
	马尾松	5	30	2	3	0.750
R	油桐	4	3	29	4	0.725
	竹柳	6	4	2	28	0.700
	总体分类精度					0.725
	红叶石楠	30	0	5	5	0.750
	马尾松	2	29	2	7	0.725
$\log(l/R)$	油桐	0	4	30	6	0.750
	竹柳	3	2	3	32	0.800
	总体分类精度					0.756
	红叶石楠	33	4	2	1	0.825
	马尾松	5	31	1	3	0.775
CR	油桐	1	1	34	4	0.850
	竹柳	2	2	4	32	0.800
	总体分类精度					0.813

表3-5和表3-6中，复垦植被被正确分类到自己的类别数量呈对角线分布。基于费希尔判别法分类结果，总体分类精度从高到低依次排列为：去包络线光谱（0.788）＞倒数的对数光谱（0.750）＞原始光谱（0.731），可以看到对变换后的光谱进行植被判别精度还是有所提升的。

在原始光谱中，分类精度最低的为红叶石楠，精度为0.675，40组数据中，27组数据被正确分类；分类精度最高的为马尾松，精度为0.800，有32组数据被正确分类。

在倒数的对数光谱中,4 种复垦植被中除了马尾松其他三种植被分类精度均有所提升,这可能与马尾松原始光谱本身较其他三种更为特殊的走向经过变换后,出现差异性不明显有关。其中,油桐变换后光谱分类精度达到了0.850,正确分类的样本数据有 34 组,较原始光谱提升了 0.15。

在去包络线光谱中,4 种复垦植被分类精度较原始光谱均有提升,由于经过去包络线变换,4 种复垦植被光谱间的差异性继续放大。其中,竹柳和红叶石楠均提升了 0.1 以上,总体分类精度达到了 0.806,4 种复垦植被的分类精度分别为 0.775、0.825、0.775 和 0.850。

基于贝叶斯判别法分类结果中,总体分类精度从高到低依次排列为:去包络线光谱(0.813)>倒数的对数光谱(0.756)>原始光谱(0.725)。

在原始光谱中,分类精度最高的为马尾松,精度为 0.750,有 30 组数据被正确分类,4 种复垦植被分类精度依次为 0.725、0.750、0.725 和 0.700,与费希尔判别法相比,总体分类精度有所降低,但是就红叶石楠和油桐这两种植被来说,精度有所提升,尤其是红叶石楠,使用贝叶斯判别法对红叶石楠分类相比费希尔判别法精度提升了 0.05。在倒数的对数光谱中,红叶石楠、油桐和竹柳的分类精度较原始光谱均有所提升;同费希尔判别法相同,马尾松的分类精度低于原始光谱,可以看出对于经过倒数的对数变换后的光谱,不能有效地区分出其与其他三种植被的差异性,总体分类精度优于费希尔判别法。

在去包络线光谱中,4 种复垦植被分类精度分别为 0.825、0.775、0.850 和0.800。其中,油桐的分类精度最高(0.850),有 34 组数据被正确分类,红叶石楠有 33 组数据被正确分类,然后依次是竹柳和马尾松,分别有 32 和 31 组数据被正确分类,整体分类精度较原始光谱均有所提升,去包络线光谱变换很好地将复垦植被光谱间的差异性放大以便区别,同费希尔判别法相比,总体分类精度提升了 0.007。

综上,根据上述试验基于费希尔判别法和贝叶斯判别法对矿区 4 种复垦植被进行判别,以比较区别两种方法的优劣性,可以看出,贝叶斯判别法对于 4 种复垦植被的分类精度要优于费希尔判别法,但是就原始光谱来看,贝叶斯判别法的精度略低于费希尔判别法,贝叶斯判别法对于经光谱变换后的光谱判别效果较好。两种方法对于本研究试验中矿区复垦植被的判别均有一定的适用性。

第四章　遥感地形构建与分析

遥感地形构建除包括地面高程信息外，可以派生地貌特性，包括坡度、坡向、阴影地貌图、地表曲率等；也可以分析地形特征参数，包括山峰、山脊、平原、位面、河道和沟谷等；还作为通视域分析和三维地形可视化的基础数据。

第一节　地形构建方法

数字高程模型（digital elevation model，DEM），是用一组有序数值阵列形式表示地面高程的一种实体地面模型，是数字地形模型（digital terrain model，DTM）的一个分支。

一、DEM 建立

DEM 建立的基础数据是地形高程数据，目前地形高程数据可通过地形图数字化、遥感影像数据、野外实测数据和已有数据等方式获取。

地形图数字化是 DEM 的主要数据来源，目前世界上各个国家和地区都拥有不同比例尺的地形图。纸质地形图可通过手工数字化、扫描矢量化、半自动化数字化等方式实现数字化。地形图数据有覆盖范围广、比例尺系列齐全、成本低等优点，但制作复杂、更新周期长、缺乏现势性，不能反映局部地形地貌变化。

遥感影像数据包括航空影像和卫星影像数据，是大范围、高精度、高分辨率 DEM 建立的最有价值的数据源。高分辨率遥感影像、合成孔径雷达干涉测量技术、机载激光扫描仪技术的发展促进了高精度、高分辨率 DEM 的重建。

野外实地测量数据可通过 GPS、全站仪、经纬仪、激光扫描点云等测绘仪器实地测取地表若干特征点的三维坐标信息，精度较高，但是工作量比较大、周期长、成本高，一般不适合大范围的 DEM 数据采集。

在地形数据基础上,可以通过多种方式实现地形表面的重建。目前主要的地形表达有三类:数学描述、图形表达、图像表达。数学描述是通过采样点建立地形的数学曲面,常用的数学曲面有傅里叶级数、多项式等。图形表达则是把地形采样点连接成各种简单的几何图形网络,并用该图形网络逼近地形表面,常用的几何图形有:正方形格网、三角形网络、等高线等。图像表达主要是指各种影像数据和绘图方式对地形的描述,如航空影像、遥感影像、地貌渲染图、透视图等。表 4-1 对地形数字化表达方式进行了简要的总结。

表 4-1　地形的数字化表达方式

数字描述	全局	傅里叶级数	
		多项式函数	
	局部	规则的分块函数	
		不规则的分块函数	
地形数字化表达	图形表达	点	不规则分布网络(如 TIN)
			规则分布网络(如栅格)
			特征点(如山顶、山脊、鞍部、山谷等)
		线	等高线
			特征线(如山脊线、山谷线等)
			剖面线
	图像表达	直接	航空影像、遥感影像
		间接	透视图
			渲染图

二、不同比例尺 DEM 的特点

DEM 是我国基础测绘 4D 产品之一,4D 产品是国家空间数据基础设施(NSDI)的主要组成部分。其中,包括数字高程模型(DEM)、数字正射影像图(DOM)、数字栅格地图(DRG)和数字线划图(DLG)。我国 DEM 数据比例尺为 1∶1 万、1∶5 万、1∶25 万和 1∶100 万,由国家测绘局组织生产,由国家基础地理信息中心负责发布。

① 1∶1 万 DEM。国家测绘局在 1999 年组织生产了七大江河区域范围的 1∶1 万数字高程模型,格网尺寸为 12.5 m×12.5 m。具体建设情况可在各省基础地理信息中心网站查询。

② 1∶5 万 DEM。全国 1∶5 万 DEM 数据格网间距为 25 m，取格网中心点的高程值作为该格网单元高程值，单位是 m。平面坐标系以 1980 西安坐标系为大地基准，投影方式为高斯-克吕格投影，以 6°带分带，高程基准采用 1985 国家高程基准。

③ 1∶25 万 DEM。国家基础地理信息中心生产的全国 1∶25 万 DEM 的格网间隔为 100 m×100 m 和 3″×3″两种。陆地和岛屿上格网值代表地面高程，海洋区域格网值代表水深。用于生成 DEM 的原始数据有等高线、高程点、等深线、水深点和部分河流、大型湖泊水库等。

④ 1∶100 万 DEM。国家基础地理信息中心生产的全国 1∶100 万数字高程模型利用 1 万多幅 1∶5 万和 1∶10 万地形图，经过编辑处理以 1∶50 万图幅为单位库。

三、DEM 数据产品

① SRTM 数据。SRTM 数据主要是由美国国家航空航天局（NASA）与其他机构联合测量的，SRTM 的全称 Shuttle Radar Topography Mission，即航天飞机雷达地形测绘使命。SRTM 数据是用 16 位的数值表示高程数值的，最大的正高程为 9 000 m，负高程为海平面以下 12 000 m。SRTM 数据每经纬度方格提供一个文件，精度有 1 arc-second 和 3 arc-seconds 两种，称作 SRTM1 和 SRTM3。SRTM1 的文件里面包含 3 600×3 600 个采样点的高度数据，SRTM3 的文件里面包含 1 200×1 200 个采样点的高度数据。目前能够免费获取中国境内的 SRTM 文件是分辨率为 90 m 的数据，每个 90 m 的数据点是由 9 个 30 m 的数据点算术平均得来的。SRTM 提供 tif 和 hgt 格式的数据供下载。

② ASTER GDEM 数据。2009 年 6 月 30 日，美国国家航空航天局与日本经济产业省共同推出了最新的地球电子地形数据 ASTER GDEM（先进星载热发射和反射辐射仪全球数字高程模型），该数据是根据美国国家航空航天局的新一代对地观测卫星 TERRA 的详尽观测结果制作完成的。这一全新地球数字高程模型包含了先进星载热发射和反辐射计（ASTER）搜集的 130 万个立体图像。ASTER 数据覆盖范围为北纬 83°到南纬 83°之间的所有陆地区域，比以往任何地形图都要广得多，达到了地球陆地表面的 99%。ASTER GDEM 数据是世界上迄今为止可为用户提供的最完整的全球数字高程数据，它填补了航天飞机测绘数据中的许多空白。NASA 目前正在对 ASTER GDEM、SRTM 两种数据和其他数据进行综合，以产生更为准确和完备的全球地形图。

第二节　微波遥感地形构建

我国地形十分复杂,尤其是南方丘陵山地地区,地形复杂多样,多数地区常年云雨天气,获取 DEM 的传统技术手段难以适用,目前仍有大范围的高精度 DEM 空白区。微波具有穿云透雾的特点,且 InSAR 技术具有不受天气影响、全天候、全天时,高效率获取高精度 DEM 的优势,使之成为大范围获取 DEM 的重要方式。

InSAR 使用雷达技术获取地面目标后向散射相位的相干性,对同一地区的两幅不同视角的单视复数数据(single look complex,SLC)影像进行干涉处理,获取地表的形变信息,再通过雷达卫星的参数和成像几何关系来获取地球表面上某一点的位置和高程上的微小变化。本节通过对同一地区的两幅不同视角的 Sentinel-1A 雷达影像数据进行干涉处理获取赣南岭北稀土区的 DEM,所需数据见表 4-2。

表 4-2　数据说明

数据	数据说明
Sentinel-1A	SLC 级别 VV 极化 IW 模式
精密轨道数据	修正轨道信息,有效消除系统性误差
30 m DEM 数据	参考 DEM 去除干涉图中的地形相位

一、InSAR 反演 DEM 技术流程

InSAR 使用雷达技术从过同一地区的两幅 SAR 图像中获取相位信息,通过干涉处理来获取地表的形变信息,再通过雷达卫星的参数和成像几何关系来获取地球表面上某一点的位置和高程上的微小变化。InSAR 具体成像原理如图 4-1 所示。

两卫星之间的相位差为:

$$\Delta\phi = \phi_1 - \phi_2 = -\frac{4\pi}{\lambda}(R_1 - R_2) \tag{4-1}$$

由余弦定理可知:

$$\sin(\theta - \alpha) = \frac{(R_1 + R_2)(R_1 - R_2)}{2R_1 B} + \frac{B}{2R_1} \tag{4-2}$$

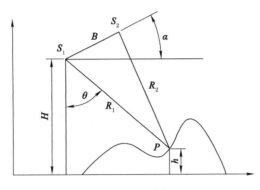

图 4-1　InSAR 成像原理

由于 $R_1 \gg R_2$,$R_1 \gg R_1 - R_2$,所以有:

$$\sin(\theta - \alpha) \approx \frac{R_1 - R_2}{B} = \frac{\lambda \Delta \phi}{4\pi B} \tag{4-3}$$

由反三角函数可得 θ:

$$\theta = \alpha - \arcsin\left(\frac{\lambda \Delta \phi}{4\pi B}\right) \tag{4-4}$$

则 P 点高程为:

$$h = H - R_1 \cos\theta = H - R_1 \cos\theta\left[\alpha - \arcsin\left(\frac{\lambda \Delta \phi}{4\pi B}\right)\right] \tag{4-5}$$

其中,S_1 和 S_2 为干涉影像对中主影像和辅影像的传感器位置;P 为地面观测目标;R_1 和 R_2 分别为卫星到点 P 的距离;H 为 S_1 距地高度;h 为点 P 距地高度;B 为两个传感器之间的距离(空间基线);α 为空间基线 B 与水平面之间的夹角;θ 为卫星视线角度;λ 为雷达波长。

ENVI 软件中自带的插件 SARscape 模块封装有 InSAR 技术反演 DEM 的流程化工作模式,支持使用 Sentinel-1A 卫星数据反演地形 DEM。基于 SARscape 模块反演 DEM 的试验过程如下。

1. 系统配置

首先是 SARscape 中数据处理准备工作,即系统设置,包括 ENVI 系统配置和 SARscape 5.2 系统设置,一方面可以提高工作效率,另一方面可以得到更为正确的结果。

① ENVI 系统配置:主要设置数据处理过程默认的输入、输出路径,能提高工作效率。在 ENVI 主菜单中,打开 File→Preference,在 Preferences 面板中选择 Directories 选项。设置一些 ENVI 默认打开的文件夹,如默认数据目

录(Default Input Directory)、临时文件目录(Temporary Directory)、默认输出文件目录(Output Directory)。可以保存在自己数据处理的文件夹中,以防按默认输出但系统盘没有空间。注:SARscape 不支持中文路径,输入、输出、临时文件目录都避免中文字符。

② SARscape 系统设置:在 SARscape IDL Scripting 中的 Preferences 进行设置,SARscape 针对不同的数据源、不同的处理提供了相应的系统默认参数。导入一套系统参数之后,一般要设置数据本身的制图分辨率,便于在多视的时候软件自动计算视数。点击 General parameters 选项,在 Cartographic Grid Size 中手动填入所要处理数据的制图分辨率。

2. 数据导入

本试验所需数据来源于欧空局网站,从网站框选出岭北稀土矿区地理位置,按照时间来查找,下载所需研究区数据,数据类型为 SLC 级别、IW 模式的数据。本书选用的是 2018 年 1 月 1 日与 2018 年 1 月 13 日的 SLC 级别、IW 模式的数据。打开数据导入工具 SARscape/Import Data/SAR Spaceborne/SENTINEL 1,在 Input File List 分别输入两景哨兵 1A 数据的元数据文件 manifest.safe。Optional Input Orbit File List 为轨道文件,该文件是可选文件,可以用来修正轨道信息,有效地消除系统性误差。切换到 Parameters 面板,主要参数就是对输出数据命名设置,推荐选择 Rename the File Using Parameters:True,可以对输出的数据自动按照数据类型进行命名。

3. InSAR 反演 DEM 流程

InSAR 处理是从原始的 SLC 数据对开始的,流程包括:基线估算、干涉图生成、干涉图去平、干涉图自适应滤波、相干生成、相位解缠、轨道重定义、高程/形变转换。

① 基线估算。打开基线估算工具 SARscape/Interferometry/Interferometric Tools/Baseline Estimation。在 Input Files 面板中,Input Master File 选择 20180101_vv_slc 输入,Input Slave File 选择 20180113_vv_slc 输入,其他按照默认,点击 Exec,计算基线。基线估算可用来评价干涉对的质量,基线估算的结果是判断 SAR 干涉测量成像能否进行下去的基础条件。估算结果表明,本书选用的升轨干涉对时间基线为 12 d,空间基线为 87.500 m,远小于临界基线 6 465.112 m。基线的结果表明,本书所获取的升轨干涉对质量符合 InSAR 技术要求。

② InSAR 工作流。SARscape 提供了一般分步操作方式和流程化操作方式。流程化工具在 SARscape/Interferometry/InSAR DEM Workflow。

③ 数据输入。Input File 面板，Input Master File（Mandatory）项，Input Master File（Mandatory）选择 20180101_vv_slc 输入，Input Slave File（Mandatory）选择 20180113_vv_slc 输入，其他按照默认。DEM/Cartographic System 面板，输入参考高程，这里输入已有的参考 DEM 文件。在 Parameters 面板，有制图分辨率大小的设置，这里设置为 Grid Size：20 m。设置好参数后，点击 Next，弹出一个对话框，是根据制图分辨率以及数据头文件中的信息自动计算出来的视数，点击确定。

④ 干涉图生成。点击 Next，进行干涉图生成处理，主辅影像经过配准、多视、相干处理后生成差分干涉图。处理完成后，自动加载了去平后的干涉图以及主从影像的强度图。参数按照默认的即可，在全局参数（Global）中生成 TIFF 数据可以设置为 TRUE，可生成 TIFF 格式的中间结果。

⑤ 滤波和相干性计算。去平地相位后的差分干涉图存在有相位噪声，而滤波的目的就是减少相位噪声。滤波方法有三种：Adaptive 法适用于高分辨率的数据（如 TerraSAR-X 或 COSMO-SkyMed）；Boxcar 法使用局部干涉条纹的频率来优化滤波器，该方法尽可能地保留了微小的干涉条纹；Goldstein 法的滤波器是可变的，提高了干涉条纹的清晰度，减少了由空间基线或时间基线引起的失相干的噪声，这种方法是最常用的方法。本试验使用的就是 Goldstein 法。点击 Next，进行干涉图滤波和相干性生成处理，处理完成之后，自动加载滤波后的干涉图_fint 和相干性系数图_cc。相干性系数分布在 0～1，值越大明该区域的相干性越高，值越小相干性越低，表明该区域在两个时相上发生了变化，可在 ENVI 里使用 Cursor Value 查看像元值。

⑥ 相位解缠。相位的变化是以 2π 为周期的，所以只要相位变化超过了 2π，相位就会重新开始和循环。相位解缠是对去平和滤波后的相位进行解缠处理，使之与线性变化的地形信息对应。本试验中解缠方法选择了最小费用流法。点击 Next，进行干涉图滤波和相干性生成处理，处理完成之后，自动加载滤波后的相位解缠结果图_upha。

⑦ 控制点选择。输入用于轨道精炼的控制点文件，在 Refinement GCP File（Mandatory）项中，点击 Next，自动打开流程化的控制点选择工具，并自动输入了相应的参考文件，在控制点生成面板上，点击 Next，打开控制点选择工具，鼠标变为选点状态，在图像上适合的地方单击鼠标左键，选择控制点，然后点 Finish，然后点击 Next。

控制点的选择应遵循以下要求：

a. 优先在去平后的干涉图上（_dint 或_fint）选择控制点，避免有地形相位没有去除的区域和变化的区域。

　　b. 选择相干性高的区域。

　　c. 控制点应分布于整个范围内。

　　d. 避免解缠错误的区域,如相位孤岛等。

　　⑧ 轨道精炼和重去平。进行轨道精炼和相位偏移的计算,消除可能的斜坡相位,对卫星轨道和相位偏移进行纠正。这一步对解缠后的相位是否能正确转化为高程或形变值很关键。点击 Next,进行轨道精炼和重去平处理,处理完成之后,将优化的结果显示在 Refinement Results 面板。

　　⑨ 相位转高程以及地理编码。将经过绝对校准和解缠的相位,结合合成相位,转换为高程数据以及地理编码到制图坐标系统。点击 Next,进行相位转高程和地理编码处理,地理编码的坐标系是以参考 DEM 的坐标系为准,参数设置界面,对无效值内插处理(Relax Interpolation)设置为 True。去除图像外的无用值(Dummy Removal)设置为 True,点击 Next。

　　⑩ 结果输出。结果默认输出在 ENVI 的默认输出路径下,文件名中包含 output_demwf。若想保留中间结果便于查看,不勾选 Delete Temporary Files。点击 Finish,输出结果,结束 InSAR DEM 处理的工作流,生产的 DEM 数据自动进行密度分割配色展示。

二、三维地形可视化

　　ENVI 的三维可视化功能可以将 DEM 数据以规则格网或点的形式显示出来,或者将一幅图像叠加到 DEM 数据上构建简单的三维地形可视化场景。使用鼠标,实时地对三维场景进行旋转、平移或者放大、缩小等浏览操作。

　　下面以 InSAR 反演的岭北 DEM 和相应地区的 GF-1 卫星影像为例,介绍三维场景的生成步骤。

　　① 分别将 LB-GF.tif 和 DEM 数据文件 LB-SB.tif 打开。

　　② 在 Toolbox 中,选择 Terrain/3D Surface View。选择 LB-GF.tiff 图像文件的 RGB 三个波段,之后选择对应的 DEM.tif 文件,然后点击 OK 按钮。

　　③ 在 3D Surface View Input Parameters 对话框中,设置相应参数,一般按默认选择。

　　④ 单击 OK 按钮,创建三维场景。

　　⑤ 通过鼠标的三个键可以交互操作三维场景。在 3D Surface View 窗口中,单击鼠标左键,并沿着水平方向拖动鼠标,这将使得三维曲面绕着 Z 轴旋转;点击鼠标左键,并沿着垂直方向拖动鼠标,这将使得三维曲面绕着 X 轴旋

转；单击鼠标中键，并拖动鼠标，可以在相应的方向平移（漫游）图像；点击鼠标右键，并向右拖动鼠标，可以增加缩放比例系数；点击鼠标右键，并向左拖动鼠标，可以减小缩放比例系数。

第三节 地形提取模型和特征提取

一、地形模型提取

ENVI 可以从 DEM 上计算一些地形模型，包括：

坡度（Slope）：以度或者百分比为单位，在水平面上为 $0°$。

坡向（Aspect）：以度为单位，ENVI 将正北方向的坡向设为 $0°$，角度按顺时针方向增加。

阴影地貌图像（Shaded Relief）：迎角的余弦。

剖面曲率（Profile Convexity）：与 Z 轴所在的平面和坡面相交，度量坡度沿剖面的变化速率。

水平曲率（Plan Convexity）：与 XY 平面相交，度量坡向沿平面的变化速率。

纵向曲率（Longitudnal Convexity）：相交于包含坡度法线和坡向方向平面，度量沿着下降坡面的表面曲率正交性。

横向曲率（Cross Sectional Convexity）：与包含坡度法线和坡向垂线的平面相交，度量垂直下降坡面的表面曲率正交性。

最小曲率（Minimum Curvature）：计算得到整体曲率的最小值。

最大曲率（Maximum Curvature）：计算得到整体曲率的最小和最大值。

均方根误差（RMS Error）：表示二次曲面与实际数字高程数据的拟合好坏。

ENVI 地形模型工具作用在图像格式的 DEM 文件。

① 启动 ENVI，并打开 LB-SB.tif 文件。

② 在 Toolbox 中，启动 Terrain/Topographic Modeling，在 Topo Model Input DEM 对话框中，选择 LB-SB.tif 文件，然后单击 OK 按钮，打开 Topo Model Parameters 对话框。

③ 在 Topo Model Parameters 对话框中，选择地形核大小（Topographic Kernel Size）为 3。可以使用不同的变化核提取多尺度地形信息，变换核越大处理速度越慢。

④ 通过在 Select Topographic Measures to Compute 列表中点击,选择要计算的地形模型。

⑤ 如果选择了 Shaded Relief,需要输入或计算太阳高度角和方位角。单击 Compute Sun Elevation and Azimuth,在 Compute Sun Elevation and Azimuth 对话框中输入日期和时间,单击 OK 按钮,ENVI 会自动地计算出太阳高度角和方位角。

⑥ 选择输出路径及文件名,单击 OK 按钮,执行地形模型计算。

⑦ 得到的结果是一个多波段图像文件,每一个地形模型组成一个波段。

二、地形特征提取

ENVI 能够在从 DEM 中提取地形特征,包括山顶(Peak)、山脊(Ridge)、平原(Pass)、水平面(Plane)、山沟(Channel)和凹谷(Pit)。

① 在 Toolbox 中,启动 Terrain/Topographic Features,在 Topographic Feature Input DEM 对话框中,选择 LB-SB. tif 文件,点击 OK 按钮,打开 Topographic Features Parameters 对话框,需要设置一些参数。一般按照默认即可。坡度容差(Slope Tolerance)为 1,以度为单位;曲率容差(Curvature Tolerance)为 0.1。两个容差决定各个特征的分类,划分为 Peak、Pit 和 Pass 的像元对应坡度值必须小于坡度容差,并且垂直方向曲率必须大于曲率容差。增加坡度容差和减少曲率容差能增加 Peak、Pit 和 Pass 的划分数量。地形核大小(Topographic Kernel Size)为 7。在 Select Feature to Classify 列表中选择所有的地形特征。选择输出路径及文件名,单击 OK 按钮执行地形特征提取。

② 得到的结果是 DEM 地形特征提取图。

第四节　东江流域边界的提取

流域边界的提取是流域面积的量算及其他水文参数提取的基础,对水文计算的精度有着重要的影响。水文分析是 DEM 数据应用的一个重要方面。利用 DEM 数据生成的集水区域和水流网络,成为大多数地表水文分析模型的主要输入数据。表面水文分析模型应用于研究与地表水流有关的各种自然现象,如洪水位计泛滥情况。

基于 DEM 数据的地表水文分析的主要内容是利用水文分析工具提取水流方向、汇流累积量、水流长度、河流网络、河网分级以及流域分割等。

水文分析工具主要用到的是 ArcGIS 软件中的空间分析工具(Spatial Analyst Tools)中的水文分析(Hydrology)模板、区域分析(Zonal)模板和地图代数(Map Algebra)模块,以及流量计算工具(Flow Direction)、填充工具(Fill)、累积汇流量计算工具(Flow Accumulation)、河网提取工具(Stream Link)、水流长度提取工具(Flow Length)、集水流域(分水岭)提取工具(Watershed)、分区统计工具(Statistics)、栅格计算器(Raster Calculator)。本节中选用东江流域作为研究区,其是珠江水系的主要河流之一,与西江、北江和珠江三角洲组成珠江。采用的基础数据地理空间数据云平台 30 m 数字高程 ASTER GDEM V2 数据,结合研究区的地理位置,这里选择了江西省赣州市安远县、定南县、寻乌县和广东省全省的 ASTER GDEM V2 数据,从而利用水文分析工具提取出东江流域矢量边界。

一、无洼地 DEM 生成

DEM 被认为是比较光滑的地形表面模拟数据,但是由于内插的原因及一些特殊地形(如喀斯特地貌)的存在,往往使得 DEM 表面存在着一些凹陷的区域。这些区域在进行水文分析时,由于低高程栅格的存在,容易得到不合理甚至错误的水流方向,因此,在进行水文分析的计算之前,应该首先对原始DEM 数据进行洼地填充,得到无洼地 DEM。

ArcGIS 软件为我们提供水文分析的相关工具,其中 Fill 工具是用来进行洼地填充的。在应用 Fill 工具对 DEM 数据进行洼地填充时分为两种情况:一种是我们可以对所有洼地进行填充得无洼地 DEM;另一种是我们可以根据实际情况,设置洼地深度的填充阈值来进行填充,得到比较结合实际的 DEM 数据。

① 打开 ArcToolbox 工具箱,选择 Spatial Analyst Tools→水文分析→流向,将弹出流向窗口,输入表面栅格数据为 shiyanshuju_DEM.tif,设置输出路径和名称,勾选强制所有边缘像元向外流动(可选),单击确定即可以创建流向。

② 打开 ArcToolbox 工具箱,选择 Spatial Analyst Tools→水文分析→汇,将弹出汇窗口,输入流向栅格数据,设置输出路径和名称,单击确定即可以进行洼地计算。

③ 打开 ArcToolbox 工具箱,选择 Spatial Analyst Tools→水文分析→分水岭,设置流向栅格数据为流向 1,输入栅格数据或要素倾泻点数据为汇,设置输出路径和名称,单击确定即可以创建分水岭栅格图像。

④ 打开 ArcToolbox 工具箱,选择 Spatial Analyst Tools→区域分析→分区统计,将弹出分区统计对话框,输入栅格数据或要素区域数据为分水岭栅格图像,区域字段选择 count,输入赋值栅格为 shiyanshuju_DEM.tif,勾选在计算中忽略 NoData,设置输出路径和名称,统计类型选择为 MINIMUM,单击确定即可以进行分区统计。

⑤ 打开 ArcToolbox 工具箱,选择 Spatial Analyst Tools→区域分析→区域填充,将打开区域填充对话框,输入区域栅格数据为分水岭,输入权重栅格数据为 shiyanshuju_DEM.tif,设置输出路径和名称,单击确定即可以进行区域填充。

⑥ 打开 ArcToolbox 工具箱,选择 Spatial Analyst Tools 下的地图代数,选择栅格代数计算器。输入表达式为 sink_dep＝"区域填充"—"最小",设置输出路径和名称,单击确定。

⑦ 打开 ArcToolbox 工具箱,选择 Spatial Analyst Tools→水文分析→填洼双击,将弹出填洼对话框,输入表面栅格数据为 shiyanshuju_DEM.tif,设置输出路径和名称,单击确定即可以进行填洼。

当一个洼地区域被填平之后,这个区域与附近区域再进行洼地计算,可能还会形成新的洼地。因此,洼地填充是一个不断重复的过程,直到所有的洼地都被填平、新的洼地不再产生为止。

二、汇流累积量

在地表径流模拟过程中,汇流累积量是基于水流方向数据计算得到的。汇流累积量的基本思想是:以规则格网表示数字地面高程模型每点处有一个单位的水量,按照自然水流从高处向低处的自然规律,根据区域地形的水流方向数据计算每点处所流过的水量数值,便得到了该区域的汇流累积量(图 4-2)。

① 打开 ArcToolbox 工具箱,选择 Spatial Analyst Tools→水文分析→流向,将弹出流向窗口,输入表面栅格数据为填充,设置输出路径和名称,勾选强制所有边缘像元向外流动(可选),单击确定。

② 打开 ArcToolbox 工具箱,选择 Spatial Analyst Tools→水文分析→流量,将弹出流量对话框,输入流向栅格数据为填洼后流向,设置输出路径和名称,单击确定。

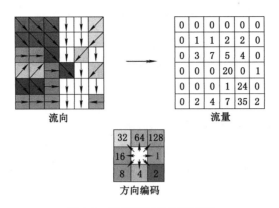

图 4-2　汇流累积量计算过程

三、水流长度

水流长度通常是指在地面上一点沿水流方向到其流向点(或终点)间的最大地面距离在水平面上的投影长度。水流长度直接影响地面径流的速度,从而影响对地面土壤的侵蚀力。目前,在 ArcGIS 中水流长度的提取方式主要有两种:顺流计算和溯流计算。顺流计算是计算地面上每一点水流方向到该点所在流域出水口的最大地面距离的水平投影;溯流计算是计算地面上每一点沿水流方向到其流向起点的最大地面距离的水平投影。

ArcGIS 中水流长度的提取操作如下:

① 打开 ArcToolbox 工具箱,选择 Spatial Analyst Tools→水文分析→水流长度,将弹出水流长度窗口,输入流向栅格数据为填洼后流向,设置输出路径和名称,测量方向选择 DOWNSTREAM,单击确定即创建了顺流方向的水流长度。

② 打开 ArcToolbox 工具箱,选择 Spatial Analyst Tools→水文分析→水流长度,将弹出水流长度窗口,输入流向栅格数据为填洼后流向,设置输出路径和名称,测量方向选择 UP-STREAM,单击确定即创建了溯流方向的水流长度。

四、河网提取

提取地表水流网络是 DEM 水文分析的主要内容之一。目前河网提取方法主要采用地表径流漫流模型。首先,在无洼地 DEM 上利用最大坡降法得到每一个栅格的水流方向。然后,依据自然水流由高处往低处的自然规律,计算出每一个栅格在水流方向累积的栅格数,即汇流累积量。假设每一个栅格携带一份水流,那么栅格的汇流累积量就代表该栅格的水流量。基于上述思想,当汇流量达到一定值时,就会产生地表水流,所有汇流量大于临界值的栅格就是潜在的水流路径,由这些水流路径构成的网络就是河网。

河网的生成:

① 打开 ArcToolbox 工具箱,选择 Spatial Analyst Tools→地图代数→栅格计算器,输入"汇流量">100 000,设置输出路径和名称,单击确定即可以创建河网。

② 打开 ArcToolbox 工具箱,选择转换工具→栅格转折线并双击,将弹出栅格转折线对话框,输入栅格为河网,设置输出路径和名称,单击确定即可对栅格进行矢量化。

③ 打开 ArcToolbox 工具箱,选择 Spatial Analyst Tools→水文分析→河流链接并双击,将弹出河流链接对话框,设置河流栅格数据为河网,输入流向栅格数据为填洼后流向,设置输出路径和名称,单击确定即可以创建河网链接。

五、流域分割

流域(Watershed)又称集水区域,是指流经其中的水流和其他物质从一个公共的出水口排出从而形成的一个集中的排水区域。也可以用流域盆地、集水盆地或水流区域等来描述流域。Watershed 数据显示了每个流域汇水面积的大小。出水口(或点)即流域内水流的出口,是整个流域的最低处。流域间的分界线即为分水岭。分水线包围的区域称为一条河流或水系的流域,流域分水线所包围的区域面积就是流域面积。

在水文分析中,经常基于更小的流域单元进行分析,因而需要对流域进行分割。流域的分割首先就要确定出水口的位置:以记录着潜在但并不准确的小级别流域出水口位置的点数据为基础,搜索该点在一定范围内汇流累积量较高的栅格点,这些栅格点就是小级别流域的出水点。

如果没有出水点的栅格或矢量数据,可利用已生成的 streamlink 数据作为汇水区的出水点。因为 streamlink 数据中隐含着每一条河网弧段的连接信息(包括弧段的起始点和终点等),而弧段的终点可以看作该汇水区域的出水口所在位置。

集水区域的生成:先确定出水点,即该集水区域的最低点,然后结合水流方向,分析搜索出该出水点上游所有流过该出水口的栅格,一直搜索到流域的边界,即分水岭的位置为止。

① 打开 ArcToolbox 工具箱,选择 Spatial Analyst Tools→水文分析→分水岭,将弹出分水岭对话框,输入流向栅格数据为填洼后流向,输入栅格数据或要素倾泻点数据为河网链接,设置输出路径和名称,单击确定即可以创建集水流域的生成。

② 打开 ArcToolbox 工具箱,选择转换工具→栅格转面并双击,将弹出栅格转面对话框,输入栅格为后分水岭,设置输出路径和名称,字段选择为COUNT,单击确定即可以将栅格转换为面要素。

③ 右键单击目录窗口下的文件夹链接,在弹出的快捷菜单中选择新建Shapefile 文件,新建一个点要素,命名为节点。单击编辑器工具条上的开始编辑,在东江汇合的地方找两个点作为节点的数据,单击编辑器上的保存编辑内容和停止编辑即可以在图上标出两个节点。

④ 打开 ArcToolbox 工具箱,选择 Spatial Analyst Tools→水文分析→分水岭,将弹出分水岭对话框,输入流向栅格数据为填洼后流向,输入栅格数据或要素倾泻点数据为 New_Shapefile 节点,设置输出路径和名称,单击确定即可以完成东江分水岭的生成。

⑤ 打开 ArcToolbox 工具箱,选择转换工具→栅格转面,将弹出栅格转面对话框,输入东江分水岭,设置输出路径和名称,字段选择为 value,单击确定即可以将栅格转换为面要素。

⑥ 单击主菜单上的选择选项,选择方法为按位置选择,目标图层选择为后分水岭转面,源图层为东江分水岭转面,空间选择方法为质心在源图层要素内。右键单击后分水岭转面图层,在弹出的快捷菜单中根据所选要素创建图层,并将创建的图层命名为东江集水区域。

第五节　东江流域面积提取

上节中用 DEM 数据提取出了东江流域的矢量边界,这里采用 WGS 1984 Web Mercator 投影,将其转化为投影坐标系,并在 ArcGIS 中计算东江流域的面积。

① 在 ArcMap 中打开东江流域面转栅格文件,将其转化投影。

② 加载经过转换投影的图层,右键→打开属性表,左上角添加字段,并命名 Area。

③ 鼠标选中 Area 字段,右键点击"计算几何",属性选择"面积"选项,单位选择"平方千米",单击确定即可计算出东江流域的面积。

第五章　遥感专题信息处理分析

本节主要结合多种遥感专题应用,详细介绍了地表温度遥感反演、土地侵蚀遥感评估及土地荒漠化遥感监测,主要描述了辐射传输类方程、土壤侵蚀遥感、稀土矿区土壤侵蚀遥感、荒漠化遥感监测等内容。

第一节　地表温度遥感反演

一、地表温度反演方法概述

从热遥感器输出的是物体辐射温度的度量,但在许多热红外遥感应用研究中,人们的兴趣在于物体的真实温度,而不是辐射温度。这是因为地表真实温度是地表物质的热红外辐射的综合定量形式,是地表热量平衡的结果。目前,在已知比辐射率的前提下,利用各种对大气辐射传输方程的近似和假设,学者们相继提出了以下多种地表温度反演算法。

① 单通道法。单通道法选用卫星遥感的热红外单波段数据,借助于无线电探空或卫星遥感提供的大气垂直廓线数据,结合大气辐射传输方程计算大气辐射和大气透射率等参数,以修正大气对比辐射率的影响,从而得到地表温度。单通道法反演的地表温度的精度取决于辐射模型、地表比辐射率、大气廓线的精度。

② 多通道法。多通道法(又称分裂窗法、劈窗法)利用 $10\sim13\ \mu m$ 的大气窗口内,两个相邻通道(一般取波长在 $11\ \mu m$ 附近和 $12\ \mu m$ 附近)对大气吸收作用的不同(尤其对大气中水汽吸收作用的差异),通过两个通道测量值(亮度温度)的各种线性组合来剔除大气的影响,反演地表温度。多通道法应用广泛,反演地表温度的精度可为 $1\sim2\ ℃$,取决于大气和比辐射率的校正误差。

③ 单通道多角度法。此法依据在于同一物体从不同角度观测时所经

过的大气路径不同，产生的大气吸收也不同，大气的作用可以通过单通道在不同角度观察下所获得的亮温的线性组合来消除。研究表明，利用 ERS-1 卫星上的 ATSR 辐射计所获得的数据，通过双角度（$\theta=0°$、$55°$）法来反演海洋表面温度，精度可达 0.3 ℃或者更好。由于不同角度的地面分辨率不同，以及陆地表面状况不均匀且地物类型复杂，因而该方法很少用于陆地温度反演研究。

④ 多通道多角度法。此法是多通道法和多角度法的结合，依据在于无论是多通道还是多角度分窗法，地表真实温度是一致的。利用不同通道、不同角度对大气效应的不同反映来消除大气的影响，反演地表温度。

⑤ 日夜多通道法。此法又可称为双温多通道法。所谓双温，指应用昼、夜两个不同时相的数据，多通道指应用 3.5～4.5 μm 的中红外波段数据，以及多个热红外数据。由于分裂窗法中 10～13 μm 两个相邻通道辐射特征的差别较小，数据相关性高，影响反演精度，于是考虑引入中红外波段数据和昼、夜数据，既可增加波段数据之间以及昼、夜数据之间的差异，又增加了信息源。双温多通道法假设昼、夜两次观测时目标的比辐射率不变，而温度不同。

二、辐射传输方程

为方便阅读，表 5-1 列举了常见的几个名词解释。

表 5-1　热红外遥感中常见名词

名词	说明
辐射出射度	单位时间内从单位面积上辐射的辐射能量，单位一般为 W/m²
辐射亮度	辐射源在某一方向上单位投影表面、单位立体角内的辐射通量，单位一般为 W/(m² · m · sr)
比辐射率	也称为发射率，物体的辐射出射度与同温度黑体辐射出射度的比值。如果物体指的是地表，则称为地表比辐射率
大气透射率	通过大气（或某气层）后的辐射强度与入射前辐射强度之比
亮度温度	当一个物体的辐射亮度与某一黑的辐射亮度相等时，该黑体的物理温度就被称为该物体的亮度温度（简称"亮温"），所以亮度温度具有温度的量纲，但不具有温度的物理含义，它是一个物体辐射亮度的代表名词

1. 辐射传输方程(也称大气校正法,radiative transfer equation,RTE)

基本原理:首先估计大气对地表热辐射的影响,然后把这部分大气影响从卫星传感器所观测到的热辐射总量中减去,从而得到地表热辐射强度,再把这一热辐射强度转化为相应的地表温度。

具体实现:卫星传感器接收到的热红外辐射亮度值 L_λ 由三部分组成:大气向上辐射亮度 $L^{atm\uparrow}$;地面的真实辐射亮度经过大气层之后到达卫星传感器的能量;大气向下辐射到达地面后反射的能量 $L^{atm\downarrow}$。卫星传感器接收到的热红外辐射亮度值 L_λ 的表达式可写为(辐射传输方程):

$$L_\lambda = [\varepsilon B(T_S) + (1-\varepsilon)L^{atm\downarrow}]\tau + L^{atm\uparrow} \tag{5-1}$$

式中,ε 为地表比辐射率;T_S 为地表真实温度,K;$B(T_S)$ 为黑体热辐射亮度;τ 为大气在热红外波段的透过率。则温度为 T 的黑体在热红外波段的辐射亮度 $B(T_S)$ 为:

$$B(T_S) = [L_\lambda - L^{atm\uparrow} - \tau(1-\varepsilon)L^{atm\downarrow}]/\tau\varepsilon \tag{5-2}$$

T_S 可以应用普朗克函数获取:

$$T_S = K_2/\ln[K_1/B(T_S)+1] \tag{5-3}$$

对于 TM 数据,$K_1 = 607.76$ W/(m^2 · sr · μm),$K_2 = 1\,260.56$ K;对于 ETM+数据,$K_1 = 666.09$ W/(m^2 · sr · μm),$K_2 = 1\,282.71$ K;对于 TIRS Band 10 数据,$K_1 = 774.89$ W/(m^2 · sr · μm),$K_2 = 1\,321.08$ K。

由上可知,辐射传输方程需要两个参数:大气剖面参数和地表比辐射率。在 NASA 提供的网站上,输入成影时间以及中心经纬度可以获取大气剖面参数,适用于只有一个热红外波段的数据,如 TM、ETM+、TIRS 数据。

2. 地表比辐射率

比较常用的一种方法是先对遥感图像进行分类,将地表分为不同的覆盖类型,再根据实测或者经验值的地物比辐射率给各个地物覆盖类型赋予不同的值,从而生成地表比辐射率图像。目前,已有一些比辐射率数据库,如 MODIS UCSB 比辐射率库等。

另外,还可利用归一化植被指数(NDVI)计算地表比辐射率,这是由于 NDVI 的对数与地表比辐射率存在线性相关性,利用 NDVI 的阈值对地表进行分类,然后给各个地表覆盖类型赋予不同的值。

3. 反演流程

本书基于辐射传输方程,利用 Landsat 8 TIRS 数据反演地表温度,主要内容是使用 Band Math 工具计算式(5-2)和式(5-3),处理流程如图 5-1 所示。

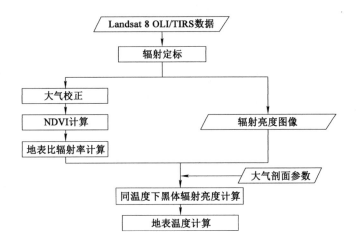

图 5-1　基于大气校正法的 TIRS 数据反演地表温度流程图

三、单窗算法

1. 单窗算法

单窗算法是覃志豪根据地表热辐射传导方程推导出的一种利用热红外波段数据反演地表温度的算法,该算法由于能够将大气和地表影响直接包括在计算公式内,计算方便,具有较高精度,因此得到广泛应用。该算法的计算公式如下:

$$T_S = \{a(1-C-D)+[b(1-C-D)+C+D]T_R - DT_a\}/C \quad (5-4)$$

式中,T_S 为地表真实温度,K;a(无量纲)和 b(无量纲)为在该算法中定义的温度参数与温度之间的线性回归系数,在 268.15~318.15 K 温度变化范围内时,计算得出 $a=-62.360,b=0.4395$;C 和 D 为中间变量(无量纲),$C=\varepsilon\tau$,$D=(1-\tau)[1+(1-\varepsilon)\tau]$。其中,$\varepsilon$ 为地表比辐射率;τ 为大气透过率;T_R 为卫星高度上热红外波段所探测到的像元亮度温度,K;T_a 为大气平均作用温度,K。

由上可知,单窗算法需要三个参数:大气平均作用温度、大气透过率和地表比辐射率。

2. 参数计算

① 大气平均作用温度 T_a。该参数与地面附近(一般为 2 m 处)气温 T_0(K)存在如下线性关系:

热带平均大气(北纬 15°,年平均):
$$T_a = 17.976\ 9 + 0.917\ 15T_0$$
中纬度夏季平均大气(北纬 45°,7 月):
$$T_a = 16.011\ 0 + 0.926\ 21T_0$$
中纬度冬季平均大气(北纬 45°,1 月):
$$T_a = 19.270\ 4 + 0.911\ 18T_0$$

② 大气透过率 τ。该参数可由大气水分含量 $w(\text{g/cm}^2)$ 进行估算:

$$w = [6.107\ 8 \times 10^{\frac{7.5(T_0-273.15)}{T_0}}] \times \text{RH} + 0.169 \qquad (5\text{-}5)$$

式中,RH 为相对湿度,气温(T_0)和相对湿度(RH)从当地气象站获取数据资料。

当大气水分含量在 $0.4 \sim 3.0\ \text{g/cm}^2$ 区间时,大气透过率 τ 估算方程见表 5-2。

表 5-2　大气透射率估算方程

大气剖面	水分含量 $w/(\text{g/cm}^2)$	大气透射率估算方程	R^2
高气温	$0.4 \sim 1.6$	$\tau = 0.974\ 290 - 0.080\ 07w$	0.996 11
	$1.6 \sim 3.0$	$\tau = 1.031\ 412 - 0.115\ 36w$	0.998 27
低气温	$0.4 \sim 1.6$	$\tau = 0.982\ 007 - 0.096\ 11w$	0.994 63
	$1.6 \sim 3.0$	$\tau = 1.053\ 710 - 0.141\ 42w$	0.998 99

③ 地表比辐射率 ε。TIRS 的 Band 10 热红外波段与 TM/ETM+Band 6 热红外波段具有近似的波谱范围,本例采用 TM/ETM+Band 6 热红外波段相同的地表比辐射率计算方法。使用 Sobrino(索布利诺)提出的 NDVI 阈值法计算地表比辐射率:

$$\varepsilon = 0.004P_v + 0.986 \qquad (5\text{-}6)$$

式中,P_v 是植被覆盖度,可通过以下公式计算:

$$P_v = (\text{NDVI} - \text{NDVI}_{\text{soil}}) / (\text{NDVI}_{\text{veg}} - \text{NDVI}_{\text{soil}}) \qquad (5\text{-}7)$$

式中,NDVI 为归一化植被指数;$\text{NDVI}_{\text{soil}}$ 为完全被裸土或无植被覆盖区域的 NDVI 值;NDVI_{veg} 为完全被植被覆盖的像元的 NDVI 值,即纯净植被像元的 NDVI 值。

取经验值 $\text{NDVI}_{\text{veg}} = 0.70$ 和 $\text{NDVI}_{\text{soil}} = 0.05$,即当整个像元的 NDVI 值大于 0.70 时,P_v 取值为 1;当 NDVI 值小于 0.50 时,P_v 取值为 0。

3. 反演流程

本书基于单窗算法，利用 Landsat 8 TIRS 数据反演地表温度，主要内容是使用 Band Math 工具计算式(5-4)，处理流程如图 5-2 所示。

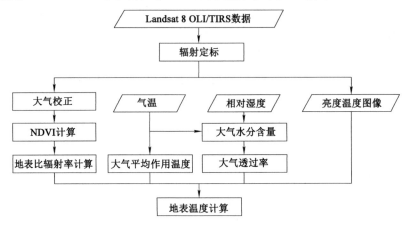

图 5-2　基于单窗算法的 TIRS 数据反演地表温度流程图

四、Artis 算法

1. Artis 算法

该算法通过地表比辐射率对辐射亮度温度进行校正，从而反演出地表温度。由于方法对参数要求不高，因此该方法计算简单。该算法的计算公式如下：

$$T_S = \frac{T_R}{1 + \dfrac{\lambda T_R}{\rho} \ln \varepsilon} \tag{5-8}$$

式中，T_S 为地表真实温度，K；T_R 为卫星高度上 TIRS 所探测到的像元亮度温度，K；λ 为热红外波段的中心波长，μm；$\rho = \dfrac{hc}{\delta} = 1.439 \times 10^{-2}$ m · K；$\delta = 1.38 \times 10^{-23}$ J/K，为玻尔兹曼常数；$h = 6.626 \times 10^{-34}$ J · s，为普朗克常数；$c = 2.998 \times 10^{8}$ m/s，为光速；ε(无量纲)为地表比辐射率。

由上可知，Artis 算法仅需要地表比辐射率参数，该参数可参考单窗算法 Sobrino 提出的 NDVI 阈值法进行计算。

2. 反演流程

本书基于 Artis 算法，利用 Landsat 8 TIRS 数据反演地表温度，主要内容是使用 Band Math 工具计算式(5-8)，处理流程如图 5-3 所示。

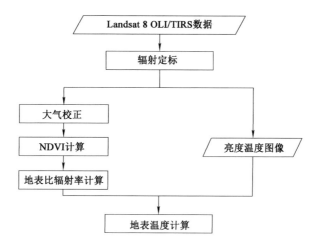

图 5-3　基于 Artis 算法的 TIRS 数据反演地表温度流程图

五、单通道算法

1. 单通道算法

由希门尼斯-穆尼奥斯提出的一种针对只有一个热红外波段影像的地表温度反演算法，对于 Landsat 8 卫星遥感影像，在原有的单通道算法的基础上，增加了针对 Landsat 8 的大气参数改进，该算法的计算公式如下：

$$T_S = \gamma \left[\varepsilon^{-1} (\varphi_1 L_\lambda + \varphi_2) + \varphi_3 \right] + \delta \tag{5-9}$$

$$\gamma = \left[\frac{c_2 L_\lambda}{T_R^2} \left(\frac{\lambda^4}{c_1} L_\lambda + \frac{1}{\lambda} \right) \right]^{-1}$$

$$\delta = -\gamma L_\lambda + T_R$$

式中，T_S 为地表真实温度，K；L_λ 为像元在传感器处的光谱辐射强度值，W/(m² · sr · μm)；ε（无量纲）为地表比辐射率；T_R 为卫星高度上热红外波段所探测到的像元亮度温度，K；λ 为热红外波段的中心波长，μm；c_1、c_2 为普朗克辐射常数，分别为 $1.191\,04 \times 10^8$ W · μm⁴/(m² · sr) 和 $14\,387.7$ μm · K；φ_1、φ_2、φ_3 为大气水分含量 w(g/cm²) 的函数，其计算公式为：

$$\varphi_1 = 0.040\,19w^2 + 0.029\,16w + 1.015\,23$$

$$\varphi_2 = 0.383\,33w^2 - 1.502\,94w + 0.203\,21$$

$$\varphi_3 = 0.009\,18w^2 + 1.360\,72w - 0.275\,14$$

上述公式中，γ、φ_1、φ_2、φ_3、δ 均为中间变量。

由上可知,单通道算法需要大气水分含量和地表比辐射率两个参数,其中大气水分含量可通过其与大气温度的函数关系式(5-5)计算,地表比辐射率可参考单窗算法 Sobrino 提出的 NDVI 阈值法进行计算。

2. 反演流程

本书基于单通道算法,利用 Landsat 8 TIRS 数据反演地表温度,主要内容是使用 Band Math 工具计算式(5-9),处理流程如图 5-4 所示。

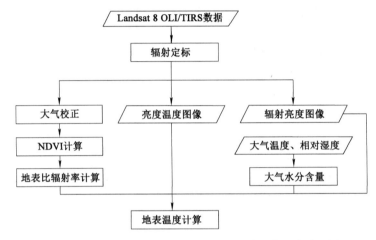

图 5-4　基于单通道算法的 TIRS 数据反演地表温度流程图

六、Landsat 8 数据反演稀土矿区地表温度

1. 稀土矿区地表温度反演

(1) 大气校正法

参照基于大气校正法的 TIRS 数据反演地表温度流程图,首先对 Landsat 8 进行辐射定标和大气校正影像处理。

① 在主界面中,选择 File → Open,在文件选择对话框中选择"LC81210432014281LGN00_MTL.txt"文件,ENVI 自动按照波长分为 5 个数据集:多光谱数据(1~7 波段)、全色波段数据(8 波段)、卷云波段数据(9 波段)、热红外波段(10、11 波段)和质量波段数据(12 波段),如图 5-5 所示。

② 在 Toolbox 工具箱中,选择 Radiometric Correction → Radiometric Calibration。在 File Selection 对话框中,选择数据"LC81210432014281 LGN00_MTL_Thermal",单击 Spectral Subset,选择 Thermal Infrared1 (10.9000),打开 Radiometric Calibration 面板,如图 5-6 所示。

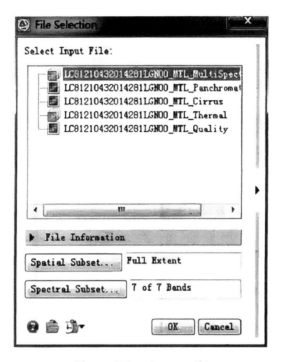

图 5-5 File Selection 面板

图 5-6 Radiometric Calibration 面板

③ 在 Radiometric Calibration 面板中,设置以下参数:

a. 定标类型(Calibration Type):辐射亮度值(Radiance)。

b. 其他选择默认参数。

④ 选择输出路径和文件名,单击 OK 按钮,执行辐射定标。得到 Landsat 8 的 Band 10 辐射亮度图像。

⑤ NDVI 计算:

a. 在 Toolbox 工具箱中,双击 Spectral→Vegetation→NDVI 工具,在文件输入对话框中选择 Landsat 8 OLI 大气校正图像,如图 5-7 所示。

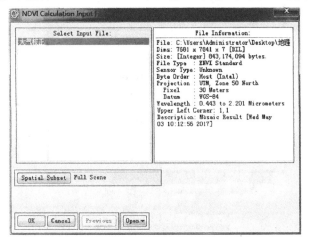

图 5-7　NDVI 文件输入对话框

b. 在 NDVI Calculation Parameters 对话框中,自动识别 NDVI 计算波段——Red:4,Near IR:5。计算 Landsat 8 影像 NDVI 图像,如图 5-8 所示。

c. 选择输出文件和路径。

⑥ 地表比辐射率计算:

a. 在 Toolbox 工具箱中,选择 Band Ratio/Band Math,输入表达式:(b1 gt0.7) * 1+(b1 lt 0.05) * 0+(b1 ge 0.05 and b1 le 0.7) * ((b1−0.05)/(0.7−0.05))。其中,b1 为 NDVI。计算得到植被覆盖度图像,如图 5-9 所示。

b. 在 Toolbox 工具箱中,选择 Band Ratio/Band Math,输入表达式:0.004 * b1+0.986。其中,b1 为植被覆盖度图像。计算得到地表比辐射率图像。

提示:为了得到更精确的地表比辐射率图像,可使用覃志豪等提出的先将地表分成水体、自然地表和城镇区,然后分别针对三种地表类型计算地表比辐射率:

图 5-8　NDVI Calculation Parameters 对话框

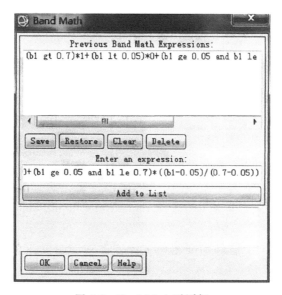

图 5-9　Band Math 对话框

水体像元比辐射率：0.995。

自然表面像元比辐射率：$\varepsilon_{surface}=0.962\ 5+0.061\ 7P_v-0.046\ 1P_v^2$

城镇区像元比辐射率：$\varepsilon_{building}=0.958\ 9+0.086P_v-0.067\ 1P_v^2$

⑦ 同温度下黑体辐射亮度与地表温度计算：

a. 在 NASA 公布的网站查询，输入成影时间（2014-10-08）和中心经纬度（Lat：24.549 39，Lon：115.469 4），以及其他相关参数。如图 5-10 所示，得到大气剖面参数为：

大气在热红外波段的透射率 τ：0.77。

大气向上辐射亮度 $L^{atm\uparrow}$：1.88 W/($m^2 \cdot \mu m \cdot sr$)。

大气向下辐射到达地面后反射的能量 $L^{atm\downarrow}$：3.30 W/($m^2 \cdot \mu m \cdot sr$)。

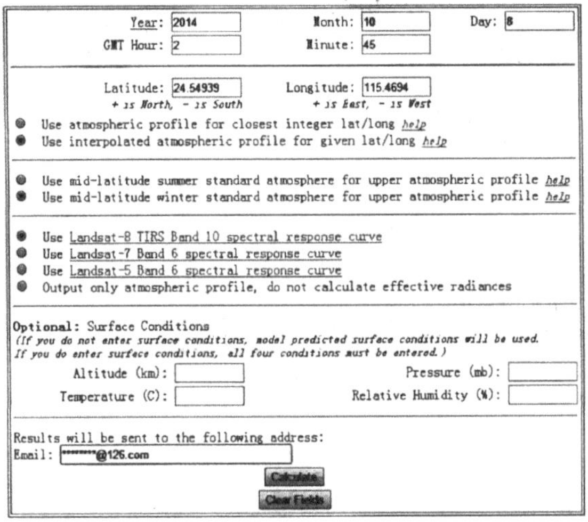

图 5-10　NASA 网站查询界面

提示：由于缺少地表相关参数（气压、温度和相对湿度等信息），得到的结果是基于模型计算的。

b. 在 Toolbox 工具箱中，选择 Band Ratio/Band Math，输入表达式：(b2-1.88-0.77 * (1-b1) * 3.03)/(0.77 * b1)。其中，b1 为地表比辐射率图像；b2 为 Band 10 辐射亮度图像。计算得到同温度下的黑体辐射亮度图像。

c. 通过矿区矢量文件，掩膜裁剪同温度下的黑体辐射亮度图像，从而获得稀土矿区同温度下的黑体辐射亮度图像。

d. 依据式(5-3)，在 Toolbox 工具箱中，选择 Band Ratio/Band Math，输

入表达式:(1 321.08)/alog(774.89/b1+1)。其中,b1 为稀土矿区同温度下的黑体辐射亮度图像。计算得到地表温度图像。

提示:式(5-3)中,TIRS Band 10 的 K_1 和 K_2 是从"LC81210432014281 LGN00_MTL.txt"元数据文件中获取的。

(2)单窗算法

参照基于单窗算法的 TIRS 数据反演地表温度流程图,首先对 Landsat 8 进行辐射定标和大气校正影像处理。

① 在主界面中,选择 File → Open,在文件选择对话框中选择 "LC81210432014281LGN00_MTL.txt"文件。

② 在 Toolbox 工具箱中,选择 Radiometric Correction → Radiometric Calibration。在 File Selection 对话框中,选择数据"LC81210432014281 LGN00_MTL_Thermal",单击 Spectral Subset 选择 Thermal Infrared1(10.9000),打开 Radiometric Calibration 面板。

③ 在 Radiometric Calibration 面板中,设置以下参数:

a. 定标类型(Calibration Type):亮度温度(Brightness Temperature)。

b. 其他选择默认参数。

④ 选择输出路径和文件名,单击 OK 按钮,执行辐射定标。得到 Landsat 8 的 Band 10 亮度温度图像。

地表比辐射率图像已在大气校正法中获得。

大气平均作用温度计算:

依据公式 $T_a = 16.011\,0 + 0.926\,21T_0$ 可知,大气平均作用温度可通过大气温度 T_0 计算。本书大气温度数据由当地气象站提供,为 297.5 K,代入该公式计算,可获得大气平均作用温度为 291.558 475 K。

大气透过率计算:

a. 首先计算大气水分含量,大气水分含量的计算需要气温和相对湿度两个参数,这两个参数均由气象站提供,其中为 T_0 为 297.5 K,RH 为 64。代入式(5-5),可得大气水分含量为 1.374 264 g/cm^2。

b. 大气透射率估算方程为 $\tau = 0.974\,290 - 0.080\,07w$,将大气水分含量值代入该方程,可计算出大气透射率为 0.864 253。

公共参数 C 和 D 计算:

a. 在 Toolbox 工具箱中,选择 Band Ratio/Band Math,输入表达式: 0.864 253 * b1。其中,b1 为地表比辐射率图像。

b. 在 Toolbox 工具箱中,选择 Band Ratio/Band Math,输入表达式:

$(1-0.864\ 253)[1+(1-b1)*0.864\ 253]$。其中,b1 为地表比辐射率图像。

地表温度计算:

在 Toolbox 工具箱中,选择 Band Ratio/Band Math,输入表达式:$\{-62.360*(1-b1-b2)+[0.439\ 5*(1-b1-b2)+b1+b2]*b3-b2*286.973\ 735\ 5\}/b1$。其中,b1 为参数 C;b2 为参数 D;b3 为亮度温度。计算得到稀土矿区地表温度图像。

（3）Artis 算法

参照基于 Artis 算法的 TIRS 数据反演地表温度流程图,首先对 Landsat 8 进行辐射定标和大气校正影像处理,然后运用 NDVI 阈值法求解地表比辐射率,最后代入公式求解地表温度。

① 在 Toolbox 工具箱中,选择 Radiometric Correction → Radiometric Calibration。在 Radiometric Calibration 面板中,在定标类型中分别选择亮度温度,进行辐射定标,可得到 Band 10 亮度温度图像。该过程可参考单窗算法亮度温度的求解。

② 对 Landsat 8 多光谱数据进行大气校正,然后运用 Sobrino 提出的 NDVI 阈值法计算 NDVI,该过程可参考大气校正法地表比辐射率的求解。

③ 在 Toolbox 工具箱中,选择 Band Ratio/Band Math,输入表达式:$b1/[1+(1.09*b1/1439)*alog(b2)]$。其中,b1 为亮度温度;b2 为地表比辐射率。计算得到稀土矿区地表温度图像。

（4）单通道算法

参照基于单通道算法的 TIRS 数据反演地表温度流程图,首先进行辐射定标和大气校正等预处理,然后求解出 γ、φ_1、φ_2、φ_3、δ 等中间变量,最后代入公式求解出稀土矿区地表温度。

① 在 Toolbox 工具箱中,选择 Radiometric Correction → Radiometric Calibration。在 Radiometric Calibration 面板中,在定标类型中分别选择辐射亮度值和亮度温度,进行辐射定标,可分别得到 Band 10 辐射亮度图像和亮度温度图像。

② 对 Landsat 8 多光谱数据进行大气校正,然后运用 Sobrino 提出的 NDVI 阈值法计算 NDVI,该过程可参考大气校正法地表比辐射率的求解。

③ 大气水分含量的计算需要大气温度和相对湿度两个参数,可由气象站提供,该参数的计算可参考单窗算法。

中间参数计算:

a. φ_1、φ_2、φ_3 的计算:依据 φ_1、φ_2、φ_3 与大气水分含量 $w(\text{g/cm}^2)$ 的函数

关系,将上述求解的大气水分含量值代入函数关系,可分别求解出该三个中间参数的值。φ_1 为 1.131 206、φ_2 为 $-2.586\ 183$、φ_3 为 1.612 186。

b. 在 Toolbox 工具箱中,选择 Band Ratio/Band Math,输入表达式: 1/[0.014 387 7 * b1/b2 * b2 * (1.09 * 1.09 * 1.09 * 1.09/11 910.4 * b1 + 100 000/1.09)]。其中,b1 为辐射强度;b2 为亮度温度。

c. 在 Toolbox 工具箱中,选择 Band Ratio/Band Math,输入表达式: b2-b3 * b1。其中,b1 为辐射强度;b2 为亮度温度;b3 为 γ。

稀土矿区地表温度计算:

在 Toolbox 工具箱中,选择 Band Ratio/Band Math,输入表达式:b3 * [(1.131 206 * b1-2.586 183)/b4+1.612 186]+b5。其中,b1 为辐射强度; b3 为 γ;b4 为地表比辐射率;b5 为 δ。

2. 稀土矿区温度反演方法比较

运用上述四种算法,均可反演出稀土矿区地表温度。为更具体了解四种算法反演温度的差异及准确性,本书分别统计每种算法反演的温度的最小值、最大值、平均值以及标准差,并利用 MODIS 温度产品对其进行比较。

① 在 Toolbox 工具箱中,选择 Statistics→Compute Statistics,打开统计输入对话框,选择基于大气校正法反演的地表温度图像。

② 在统计参数对话框中,勾选直方图(Histograms),其余默认。

③ 在统计结果对话框中,有该算法反演地表温度的最大值、最小值、平均值和标准差。

④ 利用该统计工具,分别对大气校正法、单窗算法、Artis 算法和单通道算法反演地表温度的最小值、最大值、平均值和标准差进行记录。

⑤ 依据上述统计的四种算法反演地表温度的最小值、最大值、平均值和标准差,见表 5-3。

表 5-3　四种地表温度反演算法的数据统计

反演算法	T_{min}	T_{max}	T_m	std
大气校正法	292.33	311.39	297.33	2.16
单窗算法	291.85	310.06	297.17	2.20
Artis 算法	291.42	307.08	295.93	1.91
单通道算法	291.37	306.18	295.23	1.66

依据表 5-3 可知,大气校正法与单通道算法反演的平均地表温度差值最

大,为 2.1 K,其最大温差为 5.2 K;平均温度差值稍小的是单窗算法与单通道算法,为 1.9 K,其最大温差是 3.9 K;平均温度差值再小的是大气校正法与 Artis 算法,为 1.4 K,而其最大温差为 4.3 K;单通道算法与 Artis 算法反演的平均温度差值较为接近,它们最大温差为 0.9 K;大气校正法反演的地表温度与单窗算法最为接近,其平均温度差值仅为 0.2 K,最大温差为 1.3 K。因此四种算法反演的地表平均温度排序为:大气校正法>单窗算法>Artis 算法>单通道算法,且算法间平均温差在 0.2～2.1 K,最大温差在 0.9～5.2 K。

选择 MODIS 温度产品作为验证数据,其稀土矿区平均温度为 296.4 K。由此可知,单窗算法与 Artis 算法反演的稀土矿区地表温度较为准确,其平均温差分别为 0.8 K 和 0.5 K,而单通道算法反演的稀土矿区地表温度偏差较大。

第二节　土地侵蚀遥感评估

一、土壤侵蚀遥感评估方法概述

土壤侵蚀是世界范围内最重要的土地退化问题,对全世界范围内的农作物产量、土壤结构和水质产生负面影响。因此,对侵蚀进行适当评估,了解其空间分布以及侵蚀程度,对政策的制定、治理措施的实施都具有非常重要的指导作用。虽然遥感因其具有大面积重复观测能力,已经渗透到各种研究方法中,但无论是定性的方法还是定量的方法,遥感往往仅作为数据进行输入,而遥感的潜力并没有得到充分的发挥,其多源多时相的能力并没有得到充分的应用。本节以遥感在土壤侵蚀中的应用为主线,介绍国内外多种土壤侵蚀评价方法,包括定性的判断和定量的计算,目的是让今后的研究更加重视运用遥感的空间分析和动态监测,以及利用其多源多时相的特性,使遥感更充分发挥其在土壤侵蚀监测中的作用。

(一)定性方法

1. 目视判读

目视判读法(目视解译)主要是通过对遥感影像的判读,对一些主要的侵蚀控制因素进行目视解译后,根据经验对其进行综合,进而在叠加的遥感图像上直接勾绘图斑(侵蚀范围),标识图斑相对应的属性(侵蚀等级和类型)来实现的。目视解译是土壤侵蚀调查中基于专家的方法中最典型的应用。这一方法利用对区域情况了解和对水土流失规律有深刻认识的专家,使用遥感影像资料,结合其他专题信息,对区域土壤侵蚀状况进行判定或判别,从而制作相应的土壤侵蚀类型图或强度等级图,其实质是对计算机储存的遥感信息和人所掌握的关于土壤侵蚀的其他知识、经验,通过人脑和电脑的结合进行推理、判断的过程。

我国水土保持部门于 1985 年使用该方法,采用 MSS 影像在全国范围内进行第一次土壤侵蚀遥感调查。该方法的优点在于可以将人的经验和知识与遥感技术结合起来,充分利用专家的先验知识和对土壤侵蚀影响因素的综合理解以及利用人脑对影像纹理结构的理解优势,避免了单纯的光谱分析可能带来的误差。其缺点主要是:① 主观性强。由于没有明确的标准,且影响土壤侵蚀的各种要素组合和变化的复杂性以及调查人员认识的差异性,往往造成不同专家各抒己见,难得一致。② 成本高,效率低。由于这种方法需要投入大量的人力、资金和时间,使得其成本和时效不能兼顾。③ 可对比性差。由于方法的主观性使得其结果难以在空间区域和时间序列上进行对比。

2. 指标综合

这类方法的共同特征是综合应用单个或多个侵蚀因子,制定决策规则,与各侵蚀等级建立关联关系。侵蚀因子的选择以及决策规则的制定通常是基于专家的判断,或对区域侵蚀过程的深刻认识。最基本的方法是,根据侵蚀过程中各侵蚀因子的重要性,分别赋予不同的权重,通过因子的加权和或加权平均结合已制定的决策规则确定侵蚀风险。希尔等于 1994 年应用 I-Then 决策规则结合 Landsat TM 数据光谱分离得到植被覆盖信息和土壤状态,并将结果关联到侵蚀等级上,进一步结合相同季节不同年份的结果进行对比并给出了最终的侵蚀风险评价结果。维瑞林等采用在专家打分基础上各因子综合的方法对哥伦比亚东部平原上侵蚀风险绘图法进行研究,根据地质、土壤、地貌、气候等 4 个因子的平均值得出该点位的潜在侵蚀风险图,由上面 4 个因子结合管理(包括土地利用及植被因子)因子计算该点位的真实风险图。《土壤侵蚀分类分级标准》(SL 190—2007)是我国水土保持部门最常用的一种计算土壤侵蚀风险的方法,按照耕地与非耕地分别在坡度与覆盖度上的表现进行分级,从而划分土壤侵蚀等级。后来,水利部在此方法的基础上利用 TM 影像进行第二次全国土壤侵蚀遥感调查。该方法的优势在于省去了大量的人力和时间,结合遥感影像和 GIS 技术可以快速地进行土壤侵蚀的调查。但基于专家经验的侵蚀控制因子的分级、权重与判别规则对调查结果影响很大,需要深入研究。

3. 影像分类

影像分类方法是直接利用遥感记录的地表光谱信息进行土壤侵蚀评价的方法,将常用的遥感影像分类方法引入土壤侵蚀的研究中,以区分土壤侵蚀强度以及空间分布。有学者采用航空影像和 SPOT 卫星数据,来确定土壤侵蚀在时间和空间上的强度。结果表明,SPOT 影像分类结果可以区分 4 个不同的侵蚀等级,但使用 SPOT 数据不能区分裸露的灰盖和安山石。津克等基于 ERDAS 软件进行影像分类,通过确定土地退化分类类别来进行土壤侵蚀状态制图,比较了只利用 TM 的波段信息进行分类和将 TM 与 JERS-1 SAR 融合后的影像进行监督分类这两种方法进行土壤侵蚀特征信息提取的效果。分析表明,相对于单一的 Landsat TM 影像,融合后影像进行信息提取监测精度明显提高。由于土壤侵蚀本身并不是以特定的土地覆盖等地表特征出现,而且指示土壤侵蚀的土壤属性光谱信息往往被植被覆盖、田间管理和耕种方式等土壤表层信息所掩盖,理论上只利用遥感信息是难以提取土壤侵蚀状况的,影像分类法在土壤侵蚀研究中的应用往往局限在某些特定的半干旱地区,这些地区反映不同侵蚀状态的地表覆盖差异明显。

4. 其他方法

有学者在西班牙半干旱地区,利用多时相 SAR 干涉解相干影像进行侵蚀调查,从 Landsat 影像中提取岩性和植被信息,从 SAR 干涉图中提取坡度信息,应用模糊逻辑和多标准评价方法进行侵蚀研究。梅特涅在玻利维亚半干旱区域,应用模糊逻辑确定特定像元对所考虑因子的隶属度,这些因子包括从 DEM、重力等势面和 TM 数据的光谱分离中提取的坡度、地形位置、植被覆盖、岩石碎裂度、土壤类型(微红壤、白壤)。成员函数从最低到最高被编译成五类以表达侵蚀风险,决策规则为不同的因子确定其综合范围。

(二)定量方法

1. 侵蚀模型

侵蚀模型可以分为经验模型和物理模型。经验模型有统计学基础,而物理模型倾向于描述基于降雨事件的过程。然而许多模型既有经验模型成分也有物理模型成分。遥感影像有提供区域空间数据的潜力,可以作为侵蚀模型输入参数。大多数研究仅仅利用光学卫星数据获取植被参数。其他参数则从容易获取的土壤图、DEM、地形图、航空影像和野外测量数据中提取。

(1)经验统计模型

最为广泛使用的经验模型是 USLE,它是一个基于美国东部的数据,评估长期片蚀和细沟侵蚀的经验模型,常被用来评估土壤侵蚀风险。由于 USLE

全面考虑了影响土壤侵蚀的自然因素,并通过降雨侵蚀力、土壤可蚀性、坡度、坡长、作物覆盖和水土保持措施五大因子进行定量计算,具有很强的适用性,因此 USLE 及其改进版本 RUSLE 和 MUSLE 被应用在世界范围内的不同空间尺度、不同环境和不同大小的区域。

　　USLE 应用中卫星影像解决的是植被参数,它已经被运行在不同大小的区域:2.5 km^2 的小流域,10～100 km^2 的区域,100～5 000 km^2 的区域,10 000 km^2 的大流域。但也有学者质疑模型的适用性。在 20 世纪 60 年代初,国外有学者通过对非洲侵蚀性降雨的深入研究,建立了土壤侵蚀量与土壤类型、坡度、坡长、农业管理、水土保持措施和降雨等因素之间的关系。我国学者也进行了深入的研究。刘宝元等根据 USLE 的建模思路,以及我国水土保持措施的实际情况,提出中国土壤流失预报方程,将 USLE 中的作物与水土保持措施两大因子变为水土保持生物措施、工程措施与耕作措施三个因子。江忠善等将沟间地与沟谷地区别对待,分别建立侵蚀模型,以沟间地裸露地基准状态坡面土壤侵蚀模型为基础,将浅沟侵蚀、植被与水土保持措施的影响以修正系数的方式进行处理。

　　(2) 物理过程模型

　　经验统计模型主要用于估算某一区域、一定时期内的平均侵蚀量。随着研究的深入和人们对流域泥沙自然机制认识水平的不断提高,这类研究的不足越来越清晰地显露出来。物理过程模型从产沙、水流汇流及泥沙输移的物理概念出发,利用各种数学方法,结合相关学科的基本原理,根据降雨、径流条件,以数学的形式总结出土壤侵蚀过程,预报在给定时段内的土壤侵蚀量。遥感的作用仍然是提供植被覆盖因子或植被在不同时刻对降雨的拦截因子。1947 年,埃里森将土壤侵蚀划分为降雨分离、径流分离、降雨输移和径流输移 4 个子过程,为土壤侵蚀物理模型的研究指明了方向。1958 年,迈耶成功地建造了人工模拟降雨器,为土壤侵蚀机理研究创造了便利的技术条件。自 20 世纪 80 年代初至 20 世纪末,众多基于土壤侵蚀过程的物理模型相继问世,其中以美国的 WEPP 模型最具代表性,它是目前国际上最为完整,也是最复杂的土壤侵蚀预报模型,它几乎涉及与土壤侵蚀相关的所有过程,主要包括天气变化、降雨、截留、入渗、蒸发、灌溉、地表径流、地下径流、土壤分离、泥沙输移、植物生长、根系发育、根冠生物量比、植物残渣分解、农机的影响等子过程。模型能较好地反映侵蚀产沙的时空分布,外延性较好,易于在其他区域应用。此外,还 有 欧 洲 的 EUROSEM (European Soil Erosion Model)、LISEM (Limburg Soil Erosion Model),澳大利亚的 GUEST (Griffith University

Erosion System Template)等模型。我国土壤侵蚀物理过程模型的研究起源于20世纪80年代。牟金泽等从河流动力学的基本原理出发,根据黄土丘陵沟壑区径流小区观测资料,以年径流模数、河道平均比降、泥沙粒径和流域长度为基本参数,建立了流域侵蚀预报模型。谢树楠等从泥沙运动力学的基本原理出发,假定坡面流为一维流体、流动中的动量系数为常数、不考虑泥沙黏性的前提下,通过理论推导建立了坡面产沙量与雨强、坡长、坡度、径流系数和泥沙粒径间的函数关系,在充分考虑植被和土壤类型对土壤侵蚀影响的基础上,建立了具有一定理论基础的流域侵蚀模型。汤立群等从流域水沙产生、输移、沉积过程的基本原理出发,根据黄土地区地形地貌和侵蚀产沙的垂直分带性规律,将流域划分为梁峁上部、梁峁下部及沟谷坡三个典型的地貌单元,分别进行水沙演算。蔡强国等在充分考虑黄土丘陵沟壑区复杂地貌特征和侵蚀垂直分带性的基础上,将流域土壤侵蚀模型划分为坡面、沟坡和沟道三个相互联系的子模型,该模型考虑因素较为全面,模型结构合理,充分考虑了黄土丘陵沟壑区土壤侵蚀的实际情况,可较为理想地模拟次降雨引起的土壤侵蚀过程。

(3)分布式模型

为了处理降雨和下垫面条件的不均匀性,加强对水文过程描述的物理基础,分布式模型将流域划分成一个个网格,每个网格单元中的土壤、植被覆盖均匀分布,在每个网格上进行参数的输入,然后依据一定的数学表达式来计算,并将计算结果推算到流域出口,得到流域土壤侵蚀总量。遥感在模型中被用来提取植被参数、土地覆盖或者土壤信息。20世纪80年代初,比斯利等研发的 ANSWERS 模型把流域细分为均等的网格单元。美国农业部农业研究局与明尼苏达州污染物防治局共同研发的 AGNPS 模型是基于方格框架组成的流域分布式事件模型。

2.数字高程模型(DEM)方法

在侵蚀模型的应用中,DEM 的作用主要在于可以提取出各种地形参数如坡度、坡向、坡长以及地表破碎度等,作为模型的输入内容进行土壤侵蚀计算。本节所提的方法指的是利用 DEM 直接进行量测,即通过对不同时期获取的 DEM 数据进行减法运算,获取土壤侵蚀量和沉积量。DEM 数据可通过实地测量、立体像对、SAR 干涉测量以及三维激光扫描仪等手段获取。实地测量主要指的是利用不同时相的实测高程数据分别建立数字高程模型,以计算两个时期间隔内的土壤侵蚀量。该方法理论成熟、测量精度较高,但为了能建立高精度的 DEM,样本点及样本数都有严格的要求,因此需要耗费大量的人力、物力和时间,所以该方法并不适合大区域作业。戴蒙德等根据历史航空影像,利用传统的立体测图仪计算了流域所有侵蚀和沉积区域的高程变化,从而估算了新西兰山地整个 Waipawa 流域 1950—1981 年间平均每年的土壤侵蚀量,高程精度可控制在 $\pm(0.5\sim4)$ m。史密斯等于 2000 年研究证明,利用 SAR 相干测量法提取 DEM 可以估算侵蚀和沉积量,该方法适用于净侵蚀大于 4 m 的区域。已有学者利用三维激光扫描仪定期进行观测,以获取不同时相的立体三维信息来计算区域的侵蚀量和沉积量。扫描仪测量精度可达到毫米级别,但此方法也只能适用于小区域操作,且植被的影响是这一研究需要重点考虑的。利用多时相 DEM 进行土壤侵蚀研究的明显的优点是能够快速、准确地获取土壤侵蚀和沉积量及其分布位置。但该方法也有其缺点,就目前的遥感技术应用水平而言,此方法仅适用于对发生剧烈侵蚀的事件进行监测。

3. 核示踪

门泽尔于 1960 年首次研究了关于土壤侵蚀和放射性核素沉降运移的关系;罗科夫斯基于 1965 年和 1970 年应用 ^{137}Cs 法研究土壤侵蚀,测定了径流量、土坡侵蚀量和 ^{137}Cs 流失量,发现了土壤侵蚀量与 ^{137}Cs 流失量之间的指数关系;里奇等于 1974 年根据土壤 ^{137}Cs 损失率与土壤侵蚀量之间的变化规律,最早建立起耕作土壤中的经验定量关系模型。常规的核示踪法采用地面作业法,往往在试验小区内按水平和垂直剖面用网格法采集土样,所采集土样经风干、混合、研磨、封装、照射,再利用 γ 能谱仪测量核素浓度。由于地面工作量大,效率难以提高,因此仅适用于小区域的研究。航空伽马能谱测量系统的出现使进行同步、快速、大面积、高效率土壤侵蚀监测成为可能,它是一套用于对天然放射性核素的伽马射线能量进行动态监测的高精度仪器。它可以根据放射性核素具有以伽马射线的方式向外辐射能量的特征,利用航空伽马能谱仪测量地球表面土壤和大气中的放射性核素的地球化学含量及其分布,从而进行土壤侵蚀研究。

(三)土壤侵蚀评价遥感研究存在的问题

① 经过多年的发展,遥感虽然以许多不同的方式渗透到土壤侵蚀评价的研究中,但其所发挥的作用还比较有限。在多数研究中,遥感数据往往仅局限在植被类型和覆盖的估算上,遥感多源、多时相、多分辨率的优势并没有得到充分的发挥。

② 土壤侵蚀评价遥感研究需要解决时间上的变化问题。对于定型的研究,需要解决研究中影像的时间选择问题;对于物理模型,需要卫星影像和降雨周期以及农作物生长的精确匹配,这就要求一个时间序列的遥感影像来解

决季相变化。

③ 在不同环境中衰老植被以及作物残渣对土壤侵蚀影响的遥感研究较少,且方法还不够成熟。

④ 遥感对岩性、地表粗糙度、纹理、土壤湿度、表层结皮的研究也很少用于土壤侵蚀评价的研究中。

⑤ 基于遥感的土壤侵蚀评价很少涉及标定问题。因为获取足够的地面实测数据需要花费大量的时间和人力,并且将局部的数据推广到整个研究区存在一定的困难。

二、RUSLE 模型构建方法

RUSLE(修正通用土壤流失方程)是一种定量的、基于经验统计的模型,目前在研究区域土壤侵蚀的量化应用中被广泛使用。其模型构建方法如下:

$$A = R \times K \times L \times S \times C \times P \tag{5-10}$$

式中,A 为平均土壤侵蚀量,t/(km² · a);R 为降雨侵蚀因子,MJ · mm/(hm² · h · a);K 为土壤可蚀性因子,t · h/(MJ · mm);L 为坡长因子;S 为坡度因子;C 为植被覆盖与管理因子;P 为水土保持措施因子。

采用相关的试验数据,借助 ENVI 和 ArcGIS 软件,分别计算出公式中的各因子值,并将各因子统一在 WGS-84 坐标系统下 GRID 图层,然后根据模型的形式,将各因子相乘运算,获得定南县岭北矿区土壤侵蚀强度等级数据和图层。

1. 降雨侵蚀因子 R 值的估算

降雨侵蚀因子 R 指降雨引起土壤侵蚀的潜在能力,与降雨总动能、降雨强度和雨量有关。该参数采用南方山区日降雨侵蚀模型计算,具体如下:

$$R_i = \alpha \sum_{j=1}^{m} (D_j)^{\beta} \tag{5-11}$$

式中,R_i 为第 i 个半月侵蚀力;D_j 为第 j 天的日降雨量(要求 $D_j \geqslant 12$ mm,否则以 0 计算);m 为半月内侵蚀性降雨的天数;α、β 为模型参数,其计算公式如下:

$$\alpha = 21.586\beta^{-7.189\,1} \tag{5-12}$$

$$\beta = 0.836\,3 + 18.177/P_{d12} + 24.455/P_{y12} \tag{5-13}$$

式中,P_{d12} 表示日降雨量为 12 mm 以上的日平均降雨量;P_{y12} 表示日降雨量为 12 mm 以上的年平均降雨量。

2. 土壤可蚀性因子 K 的确定

土壤可蚀性因子是一项评价土壤被降雨侵蚀力分离、冲蚀和搬运难易程度的指标,是土壤抗侵蚀能力的综合体现,与降雨、径流、渗透的综合作用密切相关。当前普遍采用的方法认为土壤可蚀性因子只与土壤的砂粒、粉粒、黏粒以及有机质有关,其计算公式如下:

$$K = \{0.2 + 0.3\exp[-0.025\,6SA \times C]\} \times \left(\frac{SI}{CL + SI}\right)^{0.3} \quad (5\text{-}14)$$

式中,SA 为砂粒质量分数(粒径 0.05~2 mm);SI 为粉粒质量分数(粒径 0.002~0.05 mm);CL 为黏粒质量分数(粒径 $<$0.002 mm);C 为有机质质量分数,$C = 1 - SA/100$。

这 4 个土壤理化性质指标因子在 HWSD_Data 提取得到,具有较高的准确性。研究区的土壤剖面为上层土壤(0~30 cm),通过要素转栅格将 4 个土壤理化性质指标因子分别转换为栅格值,最后通过栅格计算器得到 K 值分布栅格图。

3. 坡长、坡度因子 L、S 的获取

坡长、坡度反映了地形地貌特征对土壤侵蚀的影响。通常采用数字高程模型(DEM),在 ArcGIS 软件协助下,进行地形特征分析,提取坡长、坡度图。本节采用 Flow Accumulation(累计流量)来估算坡长,借鉴摩尔等提出的坡面每个坡段的 L 因子算法,采用 ArcGIS 的水文分析模块实现,其计算公式如下:

$$L = (\text{Flow Accumulation} \times \text{CellSize}/22.13)^{m} \quad (5\text{-}15)$$

式中,Flow Accumulation 为像元上坡来水流入该像元的累积面积;CellSize 为像元边长,对应 DEM 分辨率为 30 m;m 为 RUSLE 的坡长指数,与细沟侵蚀和细沟间侵蚀的比率有关。本研究主要采用下式计算 m 取值:

$$m = \begin{cases} 0.5 & \beta \geqslant 5\% \\ 0.4 & 3\% \leqslant \beta \leqslant 5\% \\ 0.3 & 1\% \leqslant \beta \leqslant 3\% \\ 0.2 & \beta \leqslant 1\% \end{cases} \quad (5\text{-}16)$$

式中,β 为用百分率表示的地面坡度,可由 ArcGIS 软件直接提取。S 因子计算公式如下:

$$S = \begin{cases} 10.8\sin\theta + 0.3 & \theta < 5° \\ 16.8\sin\theta - 0.5 & 5° \leqslant \theta \leqslant 10° \\ 21.91\sin\theta - 0.96 & \theta \geqslant 10° \end{cases} \quad (5\text{-}17)$$

式中，S 为坡度因子；θ 为坡度。

最后将 L 因子与 S 因子相乘得到栅格图层。

4. 植被覆盖与管理因子 C 的确定

C 是根据地面植被覆盖状况不同而反映植被对土壤侵蚀影响的因素，其计算公式如下：

$$C = \begin{cases} 1 & V_f = 0 \\ 0.650\,8 - 0.343\,61\lg V_f & 0 < V_f \leqslant 78.3\% \\ 0 & V_f > 78.3\% \end{cases} \quad (5\text{-}18)$$

式中，V_f 为植被覆盖度。当植被覆盖率大于 78.3% 时，基本不会发生土壤侵蚀，因此 C 值接近于 0；当植被覆盖率为 0 时，土壤侵蚀量最大，C 值接近于 1。

遥感技术的快速发展为区域植被覆盖度的获取提供了便利，本研究采用像元二分法计算植被覆盖度，其计算公式如下：

$$V_f = (NDVI - NDVI_{soil}) / (NDVI_{veg} - NDVI_{soil}) \quad (5\text{-}19)$$

式中，NDVI 为归一化植被指数；$NDVI_{soil}$ 为裸土或无植被覆盖区域的 NDVI 值；$NDVI_{veg}$ 为完全植被覆盖 NDVI 的值。

5. 水土保持措施因子 P 的确定

对于水土保持措施因子，国内尚未进行全面综合的研究，在土壤侵蚀分析中还没有普遍性的水土保持措施因子赋值标准，该因子取值范围为 0～1。其中，0 代表不会发生土壤侵蚀的地区，1 代表没有采取任何水土保持措施的地区，土地利用信息可充分反映水土保持措施的信息。

三、稀土矿区土壤侵蚀遥感评估分析

离子型稀土矿的开采导致矿区大面积水土流失及土地退化，引起严重的矿区土壤侵蚀等生态环境问题。采用 RUSLE 模型定量评估稀土矿区土壤侵蚀问题，该模型适用于计算机处理和大量数据整合，能较好地反映野外真实情况。本节以岭北矿区 Landsat 系列影像和相关气象数据等为例，采用 RS、GIS 技术及 RUSLE 模型，对 2008 年矿区土壤侵蚀定量评估并对其进行分析，对于矿区环境治理与生态修复具有重要意义。

1. 降雨侵蚀因子 R 值的估算

从岭北气象站收集 2008 年的逐日降雨量，依据降雨侵蚀力公式(5-2)，计算四个年份的降雨侵蚀力 R 值。整个岭北矿区面积仅 200 多平方千米，可以认为降雨为均匀分布。因此根据收集气象站点 2008 年降雨量资料，计算出降雨侵蚀力 R 值为 281.06 MJ·mm/(hm^2·h·a)。

2. 土壤可蚀性因子 K 值的估算

土壤可蚀性因子是一项评价土壤被降雨侵蚀力分离、冲蚀和搬运难易程度的指标,是土壤抗侵蚀能力的综合体现,与降雨、径流、渗透的综合作用密切相关。但考虑到矿区面积较小,而且土壤类型为单一的红壤,可直接查找江西省可侵蚀因子查找表,得到红壤的土壤可蚀性因子 K 值为 0.224 2。

3. 坡长、坡度因子 L、S 的获取

坡长、坡度因子 L、S 反映了地形地貌对土壤侵蚀的影响。利用岭北矿区 30 m 分辨率的 DEM 数据,在软件 ArcGIS 水文分析模块的协助下,提取坡度坡长栅格数据,具体步骤如下:

① 数据预处理。利用岭北矿区矢量数据掩膜提取出岭北矿区的 DEM。可通过 ArcGIS 软件 ArcToolBox 工具箱中 Spatial Analyst Tools→提取分析,选择"按掩膜提取",选择提取的栅格数据和掩膜数据及设置输出路径,再单击"确定"按钮。

② 计算坡度。结合上一步提取的岭北矿区 DEM 数据,通过 ArcGIS 软件 ArcToolBox 工具箱中 Spatial Analyst Tools→表面分析→坡度,选择输入栅格数据及输出路径,单击确定按钮,提取矿区坡度栅格图。

③ 计算坡度因子 S。岭北矿区位于南方丘陵山区,坡度大于 15°的区域较多,因此借鉴式(5-9)计算坡度因子 S。通过 ArcGIS 软件 ArcToolBox 工具箱中 Spatial Analyst Tools→地图代数→栅格计算器输入公式:Con("Slope"<5,10.8 * Sin("Slope" * 3.141 592 6/180)+0.036,Con("Slope">= 10,21.9 * Sin("Slope" * 3.141 592 6/180)−0.96,16.8 * Sin("Slope" * 3.141 592 6/180)−0.5))进行计算(其中公式"Slope"为上一步骤提取的坡度数据),得到坡度因子 S 数据。

④ 计算坡长因子 L。本实例采用 Flow Accumulation(累计流量)来估算坡长,借鉴摩尔等提出的坡面每个坡段的 L 因子算法,即结合式(5-7)计算坡长因子 L。

由式(5-7)可知,Flow Accumulation 为像元上坡来水流入该像元的累积面积(进行水文分析时,要打开 ArcGIS 的自定义工具下的扩展模块,将相应的扩展功能打"√")。

步骤如下:a. 填注。基于 DEM 数据,通过 ArcGIS 软件 ArcToolBox 工具箱中 Spatial Analyst Tools→水文分析→填注,系统默认情况是不设阈值,也就是所有的注地区域都将被填平,点击确定按钮,得到无注地的 DEM 数据 Fill_dem。b. 流向分析。通过 Spatial Analyst Tools→水文分析→流向,在

"输入表面栅格数据"中选择上一步填洼得到的 Fill_dem 数据，单击确定按钮，完成后得到流向栅格 flowdir_fill 数据。c. 流水累积量。选择水文分析→流量，单击确定按钮，得到流水累积量栅格数据 flowacc_flow，再利用获取的水流方向计算出汇流量。

结合式(5-8)计算 RUSLE 的坡长指数。通过 ArcGIS 软件 ArcToolBox 工具箱中 Spatial Analyst Tools→地图代数→栅格计算器，输入公式：Con("Slope"<1,0.2,Con("Slope"<3,0.3,Con("Slope"<5,0.4,0.5)))进行计算(其中"Slope"为像元坡度文件；如计算错误，则更改路径，默认路径输出)，得到坡长指数 m 数据。

计算坡长因子 L，通过 ArcGIS 软件 ArcToolBox 工具箱中 Spatial Analyst Tools→地图代数→栅格计算器，输入公式：Power("flowacc_flow" * 30/22.13,"m")运算(其中"flowacc_flow"为汇流量数据，"m"为 RUSLE 模型的坡长指数)，得到坡长因子数据 L。

计算因子 LS，将坡长因子和坡度因子相乘，通过 ArcGIS 软件 ArcToolBox 工具箱中 Spatial Analyst Tools→地图代数→栅格计算器，输入公式：L * S。

4. 植被覆盖与管理因子 C 的确定

植被覆盖与管理因子是根据地面植被覆盖状况不同而反映植被对土壤侵蚀影响的因素。据式(5-10)和式(5-11)，应首先求解出过程参数 NDVI，再求解出植被覆盖度，最终求解出因子 C。

在 ENVI 软件 Toolbox 中搜索 NDVI 工具，默认参数设置及设置输出路径，单击 OK 按钮，获得基于 2013 年 Landsat 影像数据提取的 NDVI 数据。

采用 NDVI 阈值法求解矿区植被覆盖度：即取 NDVI 值的累计概率为 95% 的 NDVI 值作为经验值 $NDVI_{veg} = 0.511\ 636$ 和 NDVI 值的累计概率为 5% 的 NDVI 值作为 $NDVI_{soil}$ 经验值 $= 0.127\ 477$。当某个像元的 NDVI > 0.511 636 时，植被覆盖度取值为 1；当 NDVI < 0.127 477 时，植被覆盖度取值为 0。在 ENVI 软件 Toolbox 中搜索 Band Math 工具中的"Enter an expression"下的对话框输入表达式：(bl gt 0.511 636) * 1+(b1 lt 0.127 477) * 0+(b1 ge 0.127 477 and b1 le 0.511 636) * ((b1-0.127 477)/(0.511 636-0.127 477))，单击 Add to List 按钮，将表达式添加到"Previous Band Math Expressions"对话框中，单击 OK 按钮，如图 5-11(a)所示。在 Available Bands List 对话框中，单击选中上一步获取的 NDVI 文件的 Band 1，设置输出路径后，单击 OK 按钮，如图 5-11(b)所示，获得矿区植被覆盖度 plant_cov 数据。

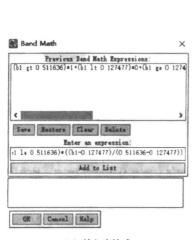
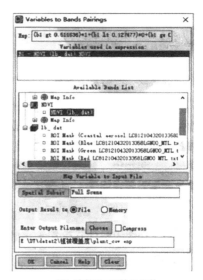

（a）输入表达式 （b）选择 NDVI 数据文件

图 5-11 矿区植被覆盖度参数设置

在 ENVI 软件 Toolbox 中搜索"Band Math"工具中的"Enter an expression"对话框输入表达式：$(b1eq0) * 1 + (bl\ gt\ 0\ and\ bl\ le\ 0.783) * (0.650\ 8 - 0.343\ 6 * alog_{10}(b1)) + (b1gt\ 0.783) * 0$，单击 Add to List 按钮，将表达式添加到 Previous Band Math Expressions 对话框中，单击 OK 按钮，如图 5-12(a)所示；在 Available Bands List 对话框中，单击选中上一步获取的矿区植被覆盖度 plant_cov 数据，设置输出路径后，单击 OK 按钮，如图 5-12(b)所示，得到植被覆盖与管理因子 C 数据。

5. 水土保持措施因子 P 的确定

对于水土保持措施因子，国内尚未进行全面综合的研究，在土壤侵蚀分析中还没有普遍性的水土保持措施因子赋值标准。本实例根据有关学者的研究成果并结合岭北矿区的实际情况对区域内土地利用类型进行监督分类，土地利用类型分为：城镇用地、耕地、林地、裸土和矿区。监督分类步骤如下：① 打开需要分类的影像数据；② 在 ENVI 软件的工具栏中找到 Region of Interset (ROI)Tool 工具，创建需要参与分类的感兴趣样本；③ 在 Toolbox→Classification→Supervised Classification 中有多种监督分类方法，本书采用支持向量机分类方法，在 Toolbox 中选择 Classification→Supervised Classification→Support Vector Machine Classification，选择待分类影像（分类时需要掩膜，去

（a）输入表达式　　　　（b）选择矿区植被覆盖度数据

图 5-12　岭北矿区植被覆盖与管理因子参数设置

除背景色，掩膜相关教程可参考相关资料），在 Select Classes from Regions 面板中选择要参与分类的 ROI 样本类别，设置输出路径，点击 OK 按钮，按照默认设置参数输出分类结果。

本实例根据有关学者的研究成果并结合岭北矿区监督分类的实际情况对 P 进行赋值，确定了不同土地利用类型的 P 值（P 值为下面分类结果计算所用），见表 5-4。

表 5-4　岭北矿区不同土地利用类型的 P 值

土地利用资源	城镇用地	裸地	耕地	林地	矿区
P 值	0.4	1	0.5	0.1	0.8

在 ENVI 软件 Toolbox 的 Band Math 工具中输入表达式：(bl eq 1) * 0.4+(bl eq 2) * 0.1+(bl eq 3) * 0.5+(bl eq 4) * 0.8+(bl eq 5) * 1、如图 5-13(a)所示。其中，城镇用地赋值为 0.4、裸地赋值为 1、耕地赋值为 0.5、林地赋值为 0.1、矿区赋值为 0.8（P 值的设定应根据实际分类中对应地物的排列顺序进行动态设置）。根据分类结果对 P 进行赋值，得到岭北稀土矿区不同年份的 P 值分布图数据，如图 5-13(b)所示。

6.岭北矿区土壤侵蚀模数计算

岭北矿区土壤侵蚀模数可依据式（5-1）计算。具体为：在 ENVI 软件

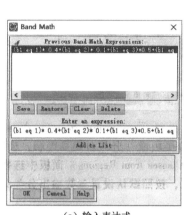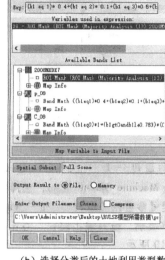

（a）输入表达式　　　　（b）选择分类后的土地利用类型数据

图 5-13　岭北矿区水土保持措施因子 P 参数设置

Toolbox 的 Band Math 工具中的 Enter an expression 对话框输入表达式：
281.06 * 0.224 2 * b1 * b2 * b3（281.06 为 2008 年降雨侵蚀因子 R 的估算值，
0.224 2 为红壤的土壤可蚀性因子 K 的值），单击 Add to List 按钮，将表达式
添加到 Previous Band Math Expressions 对话框中，单击 OK 按钮。在 Available Bands List 对话框中，B1 选择坡长坡度因子 LS，B2 选择植被覆盖与管
理因子 C，B3 选择水土保持措施因子 P，设置输出路径后，单击 OK 按钮，得
到土壤侵蚀模数栅格数据。根据水利部颁布的土壤侵蚀分类分级标准，将岭
北矿区的土壤侵蚀强度等级划分为轻度、强烈、剧烈侵蚀三种等级，分别对应
侵蚀模数 t/(hm^2 · a) 为 0～25、80～150、>150。

　　利用 ENVI 软件将处理所得的土壤侵蚀模数栅格数据导出为.tif 格式，
操作步骤如下：Flie→Sava As→Save As…（ENVI，TIEF，TIFF，DTED），在
File Selection 对话框中选择数据文件，单击 OK 按钮，在 Save File as
Parameters 对话框中，在 Output Format 下拉框中选择.tif 格式，设置输出路
径，单击 OK 按钮，将数据导出为.tif 格式。使用 ArcGIS 软件将.tif 格式的土
壤侵蚀模数栅格数据加载，对土壤侵蚀模数栅格数据进行重分类为轻度、强
烈、剧烈侵蚀三种等级，在 ArcGIS 软件 ArcToolbox 工具箱中 Spatial
Analyst Tools→重分类→重分类，在重分类对话框中，输入栅格选择土壤侵

蚀模数栅格数据,重分类字段选择"value",单击分类按钮,类别数量设置为 3;在中断值处分别填入 25、80、150 等值,侵蚀范围:0～25 为轻度侵蚀,80～150 为强烈侵蚀,>150 为剧烈侵蚀,单击确定按钮,在重分类对话框的输出栅格中设置输出路径,单击确定按钮,得到土壤侵蚀强度等级划分结果。

第三节　土地荒漠化遥感监测

一、土地荒漠化信息遥感提取方法概述

使用遥感影像数据可以提取土地荒漠化信息,通过遥感影像所表现的不同信息,可以判断土地荒漠化的发生与否以及发展程度等。在进行土地荒漠化信息提取时,常用的方法有人工目视解译方法、监督分类方法、非监督分类方法、决策树分层分类方法、人工神经网络分类方法等,在实际应用中,通常选择其中的一种或结合几种方法进行分类提取。

1. 人工目视解译方法

人工目视解译是指专业人员通过直接观察或借助判读仪器在遥感图像上获取特定地物信息的过程,可以分为纸质影像目视解译方法和计算机屏幕解译方法两种。早期的人工目视解译采用前者。随着计算机硬件和软件技术迅速提高,计算机屏幕解译表现出纸质影像目视解译不可比拟的优点。从目前已有的研究来看,许多研究者使用人工目视解译进行土地荒漠化信息提取,如中国科学院研究人员于 20 世纪 80 年代由目视解译绘制成 1∶5 万科尔沁沙地荒漠化图。

2. 监督分类方法

监督分类,又称训练场地法,是利用地面样区的实况调查资料,从已知训练样区得出实际地物的统计资料,再用统计资料作为图像分类的判别依据,并按照一定的判别准则对所有图像像元进行判别处理,使具有相似特征并满足一定识别规则的像元归并为一类。使用监督分类进行土地荒漠化信息提取相比目视解译可大大减少工作量,因为目视解译是对整个图像的人工目视判别,而监督分类只需在分类前定义训练样本以作为图像分类的判别依据,剩下的像元识别工作由已经定义好的计算机算法进行自动分类。监督分类方法是目前遥感分类中应用较多、算法较为成熟的分类方法之一,常见的监督分类方法有最小距离法、平行六面体法、最大似然法等。

3. 非监督分类方法

非监督分类是对主体分级在事先没有主体内容或归属关系的情况下,用像素的灰度值进行演算来识别,它是由像素的光谱特征在一个多维标志空间的集群构成。与人工目视解译和监督分类方法相比,非监督分类所需人工投入工作量更小,解译速度更快,但是非监督分类仅仅是利用图像像元的灰度值进行计算,其结果只是对地物光谱特征分布规律的分类,而不能确定类别的属性,并且难以解决"同物异谱"和"异物同谱"的问题。而土地荒漠化监测,特别是不同原因形成的不同类型的荒漠化,其地表特征复杂,难以简单通过地物灰度值计算识别出不同类型的土地荒漠化。因此,在已有研究中,仅使用非监督分类进行土地荒漠化信息提取的相对较少。

4. 决策树分层分类方法

决策树是遥感图像分类中的一种分层次处理,适用于下垫面地物复杂并模糊的状况,其基本思想是逐步从原始影像中分离并掩膜每一种目标作为一个图层或树枝,避免此目标对其他目标提取时造成干扰及影响,最终复合所有的图层以实现图像的自动分类,由此可以应用各种有效的分类技术,在每一次分类过程中,只需要对一种地物进行识别,从而提高分类精度。

5. 人工神经网络分类方法

人工神经网络,简称神经网络,这个概念在 20 世纪 40 年代中期提出,70年代开始应用,80 年代以来随着计算机技术的发展得到迅速发展,1988 年应用于遥感图像分类。神经网络分类是一种非线性分类方法,具有强抗干扰、高容错性、并行分布式处理、自组织学习和分类精度高等特点。它除了以其神经计算能力进行低层次图像视觉识别外,其非符号的识别处理能力使其能与地学知识、地理信息和遥感信息互相融合,来完成深层影像理解及空间决策分析,近年来在遥感研究中得到了广泛的应用。使用神经网络分类方法进行土地荒漠化监测时,所需人工工作量小,人工在分类中所需要做的工作是选择对土地荒漠化有影响的因素作为输入层,然后利用已有的土地荒漠化信息数据对神经网络进行训练,用训练样本对神经网络进行调整,调整后的神经网络可用于整个研究区的土地荒漠化监测。这种方法中,人工主观判断土地荒漠化的内容较少,因此,受人为影响因素较小,而且需要人工的工作量较小。

在目前荒漠化遥感监测中,主要采用监督分类、非监督分类、决策树分层分类及人工神经网络分类等方法。半自动方法不仅工作强度大、效率低,还会受到主观影响,而且由于对遥感信息的利用程度不高,从而难以让丰富的遥感信息在荒漠化监测中发挥作用。自动分类方法中,尽管现有的荒漠化理论研究已为其提供了较完整的分类评价指标体系,但多数指标为非物理参数,制约了其从遥感数据中的直接提取,使分类精度的提高受到一定程度的限制,因此,发展荒漠化遥感定量评价方法是极具价值的方向。由遥感图像确定的归一化植被指数(NDVI)是反映地表植被状态的重要物理参数,而地表反照率则是反映地表对太阳短波辐射反射特性的物理参量。随着荒漠化程度的加重,地表植被遭受严重破坏,地表植被覆盖度降低,生物量减少,地表粗糙度下降,在遥感图像上表现为 NDVI 值相应减少,地表反照率得到相应的增加。荒漠化研究表明,如果不单独依靠上述某一个参数,而是通过构造"反照率(Albedo)-植被指数(NDVI)特征空间"获取植被指数和地表反照率的组合信息,则可以更加有效和便捷地实现荒漠化时空分布与动态变化的定量监测与研究。

二、荒漠化遥感监测模型

1. Albedo-NDVI 特征空间及其特性

由遥感图像红和近红外波段反射率值确定的归一化植被指数(NDVI)是应用最为广泛的植被指数。众多的研究证明,NDVI 能有效用于植被的监测及植被覆盖度、植被叶面积指数的估算,是反映地表植被状态的重要物理参数。沙漠化研究表明,随着沙漠化程度的加重,地表植被遭受严重破坏,地表植被覆盖度降低和生物量减少,在遥感图像上表现为植被指数相应减小。由此看来,植被指数可作为反映沙漠化程度的物理参数。由遥感数据反演的地表反照率是反映地表对太阳短波辐射反射特性的物理参量,地表反照率的变化受土壤水分、植被覆盖、积雪覆盖等陆面状况异常的影响。反照率作为表征陆地下垫面辐射特征的重要参量,它的变化将改变地表辐射平衡,并直接对大气产生影响。目前地表反照率的变化对全球气候变化的影响虽然存在着不同的认识,但在沙漠化的研究实践中,通过定位观测发现,随着沙漠化程度的加重,地表状况发生了明显的改变,伴随着地表植被覆盖度的下降,地表水分相应减少,地表粗糙度下降,地表反照率得到相应的增加。因此,沙漠化过程导致的地表下垫面状况的变化,使地表反照率发生明显的变化。当地表反照率达到一定数值时,会出现草地沙漠化,沙漠化发生的地表反照率阈值为 30%。我们在野外确定的不同沙漠化土地样点及其对应的图像反照率值具有相似的特征。轻度、中度、重度和极重度沙漠化土地的平均反照率值分别为 36%、39%、40%、44%。因此,地表反照率可作为反映沙漠化程度的重要地表物理参数。

　　以上分析表明,沙漠化过程分别在植被指数和地表反照率的一维特征空间中都存在显著相关关系。为进一步研究沙漠化过程在植被指数和地表反照率组成的二维特征空间的变化特征,在研究区选择了地表覆盖类型比较全面的典型区域,利用正规化处理的植被指数和地表反照率,构建了 Albedo-NDVI 特征空间的散点图,散点图呈典型的梯形分布(图 5-14)。不同地表覆盖类型在 Albedo-NDVI 特征空间的分布具有显著的分异规律,图 5-15 和图 5-16 显示了不同地表覆盖类型在 Albedo-NDVI 特征空间的分布及对应的图像特征,不同地表覆盖类型在 Albedo-NDVI 特征空间中能很好地加以区分。

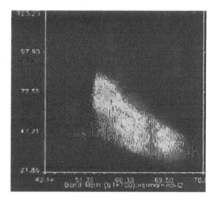

图 5-14　样区彩色合成图像、Albedo-NDVI 特征空间散点图

　　为进一步研究 Albedo-NDVI 特征空间的特性,对散点图上边界 AC(图 5-16)的 Albedo(反照率)、LST(地表辐射温度)与 NDVI(植被指数)的关系进行了统计分析,结果为:

$$\text{Albedo} = 88.998 - 0.744\,2 \times \text{NDVI} \quad (R^2 = 0.980\,4) \tag{5-20}$$
$$\text{LST} = 130.88 - 0.841\,1 \times \text{NDVI} \quad (R^2 = 0.980\,4) \tag{5-21}$$

　　式(5-20)和式(5-21)表明,Albedo-NDVI 特征空间像元散点图的上边界上,地表辐射温度(LST)、地表反照率都与植被指数呈显著的线性负相关性。随着植被覆盖度的降低,地表反照率和地表辐射温度都相应增加。已有的大量观测与模拟试验均已证明地表反射率的变化将影响地表辐射平衡,进而直接影响地表温度,而且地表反照率随着植被覆盖度、土壤水分、地表粗糙度的变化而变化。植被覆盖的变化、土壤水分的盈亏将改变地表能量平衡,致使波文比发生变化,并改变地表感热通量和潜热通量的分配,从而影响地表温度的变化。因此,Albedo-NDVI 空间中,遥感数据像元的散点图的上边界 AC

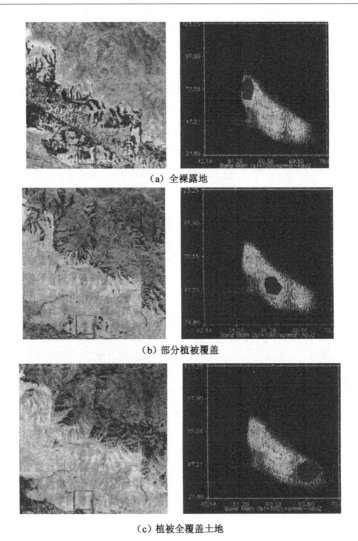

（a）全裸露地

（b）部分植被覆盖

（c）植被全覆盖土地

图 5-15 不同土地覆盖遥感图像与 Albedo-NDVI 特征空间对比

（图 5-16）可能代表研究区土壤水分最少的区域,散点图中 A 点代表干旱裸土（低 NDVI、高 Albedo、高 LST）;裸地地表反照率变化与地表水分含量高度相关, B 点则代表富水裸土（低 NDVI、低 Albedo、低 LST）;随着植被覆盖度增加,地表反照率要相应降低,图中 C 点代表高植被覆盖区,土壤含水量低,反照率相对较高（高 NDVI,相对较高 Albedo 和 LST）; D 点对应于植被覆盖度高、土壤水分含量充足的情况,该点的反照率相对较低（高 NDVI、低 Albedo、

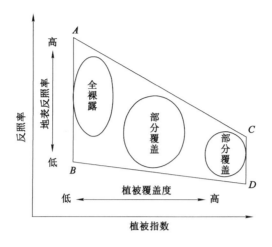

图 5-16　Albedo-NDVI 特征空间

低 LST）。

　　因此，Albedo-NDVI 特征空间中，地表反照率不仅是植被覆盖度，而且是土壤含水量的函数。散点图上边界 AC 边代表高反照率线，反映干旱状况，是给定植被覆盖度条件下完全干旱土地对应的最高反照率的极限。散点图底边 BD 为最大低反照率线，代表地表水分充足的状况。图中 A、B、C、D 四点代表了 Albedo-NDVI 特征空间中极端状态，在植物生长季节，各类地物除云、水体外均包含在 A、B、D、C 围成的四边形区域内，并呈现一定的空间分异规律。因此，Albedo-NDVI 特征空间具有明确的生态学内涵，反映了各种生物物理机制驱动下地表覆盖及各种物理参量的变化。利用 Albedo-NDVI 特征空间提取的信息能有效进行土地覆盖分类，利用多时相数据还可进行土地覆盖变化研究。

　　2. 沙漠化遥感监测差值指数模型

　　在 Albedo-NDVI 特征空间中，不同沙漠化土地对应的植被指数和地表反照率具有非常强的线性负相关性。如果在代表沙漠化变化趋势的垂直方向上划分 Albedo-NDVI 特征空间，可以将不同的沙漠化土地有效地区分开来。而垂线方向在 Albedo-NDVI 特征空间的位置可以用 Albedo-NDVI 特征空间中简单的二元线性多项式加以表达：

$$\text{DDI} = a * \text{NDVI} — \text{Albedo} \tag{5-22}$$

　　试验与对比分析发现，沙漠化差值指数（DDI）能将不同沙漠化土地较好地区分开来。因此,在沙漠化监测中可选用能够反映地表水热组合与变化的沙漠化差值指数模型作为监测的指标。沙漠化遥感监测差值指数模型充分利用了多维遥感信息,指标反映了沙漠化土地地表覆盖、水热组合及其变化,具有明确的生物物理意义,而且指标简单、易于获取,有利于沙漠化的定量分析与监测。

三、稀土矿区荒漠化遥感监测

1. 遥感数据源及预处理

本书采用的遥感数据包括:1990 年 12 月 9 日(Landsat 5 TM),1999 年 12 月 26 日(Landsat 7 ETM+),2008 年 12 月 10 日(Landsat 5 TM),2010 年 10 月 29 日(Landsat 5 TM),2013 年 12 月 24 日(Landsat 8 OLI),2016 年 3 月 3 日(Landsat 8 OLI)。对以上遥感影像数据进行辐射定标、大气校正、图像剪裁等数据预处理。

2. 荒漠化信息提取方法

首先对 1990 年、1999 年、2008 年、2010 年、2013 年和 2016 年共 6 个时相的遥感数据进行预处理、参数反演;其次,构建 Albedo-NDVI 特征空间,建立 Albedo 和 NDVI 的定量相关关系,获取各个时期的沙漠化遥感差值指数模型;最后,结合高空间分辨率遥感影像及实地调查,建立典型样区与 DDI 之间的对应关系,提取不同时期对应的荒漠化土地信息并进行讨论与分析。

3. 基本参数的反演

利用经过预处理后的 6 个时相的 TM、ETM+、OLI 数据反演地表反照率和植被指数,见式(5-23)和式(5-24)。

$$\text{Albedo} = 0.356\rho_{\text{Blue}} + 0.13\rho_{\text{Red}} + 0.373\rho_{\text{NIR}} + 0.085\rho_{\text{SWIR1}} + 0.072\rho_{\text{SWIR2}} - 0.001\ 8 \tag{5-23}$$

$$\text{NDVI} = \frac{\rho_{\text{NIR}} - \rho_{\text{Red}}}{\rho_{\text{NIR}} + \rho_{\text{Red}}} \tag{5-24}$$

式中,地表反照率为 Albedo;ρ_{Blue}、ρ_{red}、ρ_{NIR}、ρ_{SWIR1}、ρ_{SWIR2} 分别为所选数据的 Blue 波段、Red 波段、NIR 波段、SWIR1 波段、SWIR2 波段的反射率;NDVI 为植被指数。

统计研究区 5 期数据地表反照率和植被指数为 0.5% 和 99.5% 的值作为最大值和最小值进行正规化处理,正规化处理后的 NDVI 记为 N,Albedo 记为 A。如式(5-25)和式(5-26)所示。

$$N = \frac{\text{NDVI} - \text{NDVI}_{\min}}{\text{NDVI}_{\max} - \text{NDVI}_{\min}} \tag{5-25}$$

$$A = \frac{\text{Albedo} - \text{Albedo}_{\min}}{\text{Albedo}_{\max} - \text{Albedo}_{\min}} \tag{5-26}$$

4. Albedo-NDVI 特征空间的建立

通过构建研究区的 Albedo-NDVI 特征空间,寻找离子稀土矿区的 Albedo 与 NDVI 的函数关系。在 6 期不同时相数据上分别随机选取分布于不同荒漠化土地类型的点各 500 个,对每个点 Albedo 和 NDVI 值进行回归分析,结果表明,当 NDVI 的值越小时,其地表反照率越大,地表反照率与植被指数之间存在较强的线性负相关性,可构建函数关系,见式(5-27)。

$$y = a \times x + b \tag{5-27}$$

式中,y 为地表反照率;x 为植被指数;a 为回归方程的斜率;b 为回归方程在纵坐标上的截距。

对 Albedo-NDVI 特征空间在荒漠化变化趋势的垂直方向上进行划分,可以将不同荒漠化土地有效区分开来,即用沙漠化遥感监测差值指数模型表示为:

$$\text{DDI} = m \times N - A \tag{5-28}$$

式中,m 为 a 的负倒数,即 $m = -1/a$;N 为正规化后的植被指数;A 为正规化后的地表反照率。

5. 荒漠化变化对比分析

动态度是用来反映单位时间内不同土地利用类型面积的变化幅度与变化速率以及区域土地利用变化中类型差异的常用指数。研究区某类型荒漠化土地动态度可表达为:

$$k = \frac{U_b - U_a}{U_a} \times \frac{1}{T} \times 100\% \tag{5-29}$$

式中,k 为研究时段内某一荒漠化土地类型的动态度,$\%/a$;U_a 为研究初期某类型荒漠化土地的面积;U_b 为末期某类型荒漠化土地的面积;T 为研究时长。

动态度如果为正值,表明在研究时段内该类型土地面积呈增加趋势;反之,该类型土地面积呈减少趋势。

6. 试验过程

① 数据预处理。

② 选择 File→Open,选择 _MTL.txt 文件,点击 OK 按钮打开。

③ 辐射定标:选择 ToolBox/Radiometric Correction/Radiometric Calibration,自动读取元数据中的信息并加载(图 5-17),定标类型选择 Radiance,指定保存路径,点击 OK 按钮。

④ 大气校正:采用 FLAASH Atmospheric Correction 对其进行大气校正。

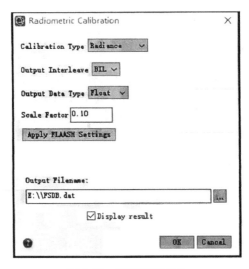

图 5-17　辐射定标面板

⑤ 图像裁剪:选择 File→Open,打开研究区域的矢量边界文件,对其进行裁剪。

⑥ 提取 NDVI:打开 ToolBox→Spectral→Vegetation→NDVI,弹出 NDVI Calculation Parameters 对话框,设置对应波段。设置保存路径,保存文件,输出,点击 OK 按钮。具体参数如图 5-18 所示。

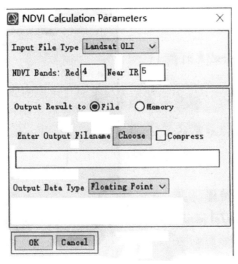

图 5-18　NDVI 计算参数设置

⑦ 提取 Albedo：地表反照率反演计算，利用 Landsat TM 数据的反演模型估算研究区地表反照率。

$$\text{Albedo} = 0.356\rho_{\text{Blue}} + 0.13\rho_{\text{Red}} + 0.373\rho_{\text{NIR}} + 0.085\rho_{\text{SWIR1}} +$$
$$0.072\rho_{\text{SWIR2}} - 0.001\,8 \tag{5-30}$$

具体操作流程如下：

a. ToolBox→Band Algebra→Band Math→弹出 Band Math 对话框，键入表达式：0.356 * b1＋0.13 * b3＋0.373 * b4＋0.085 * b5＋0.072 * b7－0.001 8，点击 Add to List，点击 OK 按钮。

b. 在弹出的 Variables to Bands Pairings 对话框中分别为 B1，B3，…，B7 指定相应的波段（经过大气校正后的数据）。具体参数设置如图 5-19 所示。

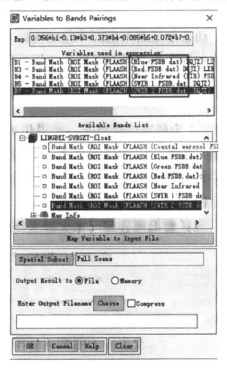

图 5-19　Variables to Bands Pairings 对话框

⑧ 归一化处理：采用归一化公式进行 NDVI 和 Albedo 数据的归一化处理。

$$N = \frac{\text{NDVI} - \text{NDVI}_{\min}}{\text{NDVI}_{\max} - \text{NDVI}_{\min}} \tag{5-31}$$

$$A = \frac{\text{Albedo} - \text{Albedo}_{\min}}{\text{Albedo}_{\max} - \text{Albedo}_{\min}} \tag{5-32}$$

具体计算过程如下：

a. 计算 NDVI 和 Albedo 数据的最大最小值（图 5-20）。在波段列表（Available Band List）中选择 NDVI 和 Albedo 文件，右键该文件，点击 Quick Stats，进行统计后，弹出 Statistics Results 对话框，可以获取 NDVI 或者 Albedo 的最大、最小值。

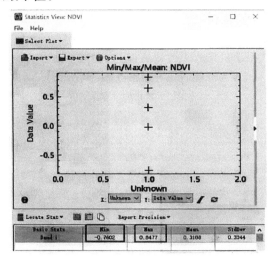

图 5-20　Statistics View NDVI 参数

b. 归一化计算。ToolBox → Band Algebra → Band Math → 弹出 Band Math 对话框，键入表达式：(b1＋0.760 2)/(0.847 7＋0.760 2)，点击 Add to List，点击 OK 按钮。在弹出的 Variables to Band Pairings 对话框中分别为 B1 指定相应的波段（NDVI 数据）。

c. 按照同样的方法，归一化 Albedo 数据。

d. 计算 NDVI 与 Albedo 的定量关系。为了找到两者之间的定量关系，需要分别找出 NDVI 和 Albedo 对应的两组数据，利用这两组数据进行回归拟合出一个关系式。

在 NDVI 或者 Albedo 的图像窗口中，右键→选择 ROI Tool，弹出 ROI Tool 对话框，在 ROI_Type 中选择 Point。然后点击 Image，在 Image 窗口中选点，如图 5-21 所示。选好点后，将点导出。在 ROI Tool 中，选择 File→ Output ROIs to ASCII。选择 NDVI 的图像，在 Output ROIs to ASCII Pa-

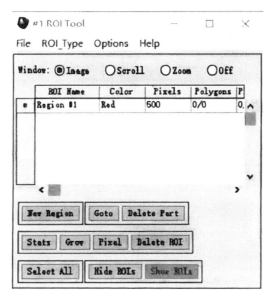

图 5-21　ROI Tool 对话框

rameters 面板中选择 ROI 点，单击 Edit Output ASCII Form，在输出内容设置面板中(图 5-22)选择 ID、经纬度和波段像元值，点击 OK 按钮。指定输出路径和名称，点击 OK 按钮，将对应的 NDVI 点值输出。用同样的方法将前面选择的 ROI 点对应的 Albedo 的点值输出为 Albedo.txt 文件。

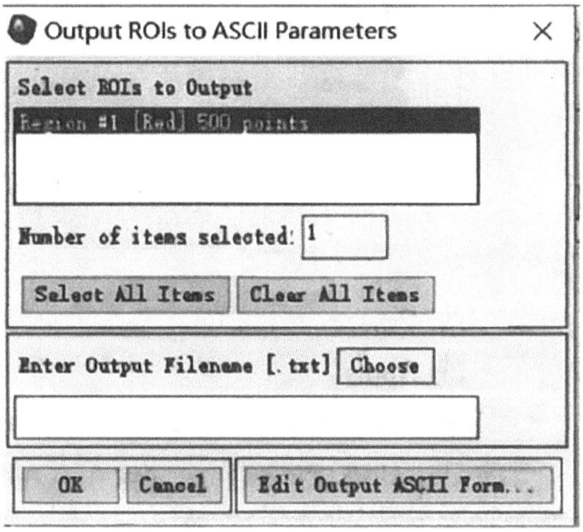

图 5-22　Output ROIs to ASCII Parameters 对话框

在 Excel 软件中进行线性拟合两者的定量关系。有了相同位置的 NDVI 值和 Albedo 值,在 Excel 中选中 NDVI 值与 Albedo 值,绘制散点图。

在散点图上选中散点,单击右键→添加趋势线,打开设置趋势线格式面板,勾选线性,显示公式,显示 R^2。点击关闭按钮,线性回归方程和 R^2 在散点图上显示,如图 5-23 所示。

NDVI	0.569 8	0.563 8	0.571 4	0.580 1	0.567	0.563 9	0.592	0.592 5	0.603 7	0.595 4	0.605 2
Albedo	0.667 8	0.664 6	0.652 6	0.654 4	0.662 3	0.640 6	0.633	0.628	0.627 1	0.627	0.606 7

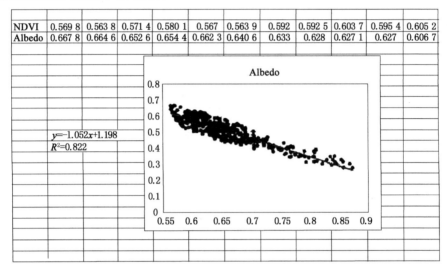

图 5-23　NDVI 值和 Albedo 值拟合关系图

e. 荒漠化差值指数的计算。通过上一步的处理得到了参数 a,根据公式 $a \times m = -1$,可以计算出 m。将 m 值代入荒漠化差值指数表达式 DDI＝$m \times$ NDVI—Albedo 中可以计算 DDI。表达式为:DDI＝(1/1.0526)×NDVI— Albedo,使用 Basic Tool→Band Math,在 Enter an expression 下面输入表达式:1/1.0562 * b1－b2,单击 Add to List,单击 OK 按钮,在 Variables to Bands Pairings 面板中,选择 b1 为 NDVI 的图像,b2 为 Albedo 的图像,设置输出路径和文件名,单击 OK 按钮,计算得到荒漠化差值指数的反演图。

f. 荒漠化分级信息提取。

方法一:实地考察,根据相关标准,将该区域的荒漠化程度分级,即非荒漠化、轻度荒漠化、中度荒漠化、重度荒漠化和极重度荒漠化。找出不同荒漠化级别与对应的荒漠化差值指数图上的临界点。然后利用 Density Slice 工具进行分级显示。

在 Display 中显示荒漠化差值指数,是一个灰度的单波段图像。

方法二:利用自然间断点分级法结合野外实地调研,将 DDI 值进行分级,将 DDI 图像数据加载到 Arc Map 中,打开工具箱 ArcToolBox→空间分析工具(Spatial Analyst Tools)→重分类(Reclassify)→重分类。选中数据,点击分类按钮,弹出分类对话框,选择自然间断点分级法,设置类别数,点击确定即可。

第六章　遥感信息分析应用技术

　　自 20 世纪 70 年代中后期,遥感技术在应用方面取得巨大成就,涉及了许多业务部门,包括农作物估产、国土资源调查、土地利用和土地覆盖、水土保持、森林资源开发和监测、矿产资源开发和监测、草场资源开发和监测、环境评价和监测、土地利用动态监测、水灾和火灾监测、气象监测及港口、铁路、水库、电站等工程勘测与建设,充分体现了遥感应用研究涉及的领域广、类型多,既有专题性领域的特点,也有综合性领域的特点,极大地扩展了遥感应用领域,推动了我国遥感应用的全面发展。

第一节　测　绘　应　用

　　航空摄影测量一直是测绘制图的一种主要资料来源和重要的技术方法,形成了完整而系统的学科体系。当代遥感的发展使测绘制图的资料来源更多样化,资料在准确可靠性、快速及时性和适时动态性等方面都有较大的改观,成图周期大为缩短,影像地图、数字地图等新图种和制图新工艺大量涌现,使测绘制图产生了新的变化和进展。例如,我国依据近年来发射卫星获得的图像,完成了黄河三角洲 1:5 万、1:10 万地图的编制,绘制了我国第一幅南沙群岛影像地图。遥感还能在各种气候气象条件复杂、常规方法难以进行工作的地区获得资料,填补了地面工作的空白。例如,巴西亚马孙河流域有近 500 万 km^2 的热带雨林区,那里人烟稀少,云雾终日不散,常规测量工作难以进行。利用遥感侧视雷达技术,在不到一年的时间里就完成了该地区 1:40 万雷达扫描成像工作,取得了有价值的资料,为该地区测量制图提供了基础。利用遥感图像进行各种专题图的编制,以及编制中小比例尺大区域的省(区)、全国乃至大洲影像地图已较普遍。西欧各国已应用 SPOT 卫星资料修编和更新 1:5 万地形图等。随着遥感信息在空间分辨率、光谱分辨率及时相分辨率方面的提高,遥感将为测绘制图技术的发展应用开拓更美好的前景。

遥感图像在测绘中主要被用来测制和修测地形图、制作正射影像图、测制各类专题图和更新 GIS 数据等。目前所测制的地形图与各类专题图已是数字形式,通过规定格式的转换和编码处理可以直接存入相应的 GIS 数据库,修测的内容可以更新 GIS 数据库。利用不断获取的遥感图像提取基础信息和目标信息、及时地为 GIS 保持其数据库和背景数据,是使 GIS 保持其数据库现势性的基本途径。反过来,GIS 数据库已有的数据也是支持和辅助遥感图像分析的重要内容,它有助于提高遥感信息提取的智能化和自动化程度。

一、遥感在测绘领域的产品

1. 数字栅格地图

数字栅格地图(digital raster graphic,DRG)是模拟产品向数字产品过渡的中间产品,一般用作背景参照图像,与其他空间信息相关;也可用于数字线划图的数据采集、评价和更新,还可与数字正射影像图(digital orthophoto map,DOM)、数字高程模型等数据集成使用,派生出新的可视信息,从而提取、更新地图数据,绘制纸质地图和作为新的地图归档形式。

2. 数字线划图

以外业数据采集、航片、地形图等为原始资料,采用数字摄影测量、三维跟踪立体测图、解析或机助数字化测图、人机交互等方法得到数字线划图。该产品能较全面地描述地表现象,目视效果与同比例尺地形图一致,但色彩更丰富,能满足各种空间分析要求,可随机地进行数据选取和显示,与其他信息叠加可进行空间分析、决策。其中,部分地形核心要素可作为数字正射影像地形图中的线划地形图。

3. 卫星遥感数字正射影像图

遥感图像是通过遥感技术所获取的地球表面客体或事物(地物)的图像资料。通过使用专业的地理信息遥感软件,对原始遥感图像进行辐射校正、几何校正,消除各种畸变和位移误差,然后进行地理配准、图像融合、增强等处理,之后生成具有地理信息和各种专题的卫星遥感数字正射影像图。数字正射影像图是具有一定几何精度的图像,在城市及区域规划、土地利用、土地覆盖制图、地质和土壤制图、测绘(地形图的修补测绘及专题地图的制作)等方面应用广泛,同时在农、林、牧、渔业、资源专题、湿地制图、野生动植物生态学、环境评价、考古学和地形分析、城市虚拟景观的制作及评价等方面的应用也越来越普遍。

4. 数字高程模型

数字高程模型根据航空或航天图像，通过摄影测量途径获取，如立体坐标仪观测及空中三角测量加密法、解析测图、数字摄影测量等。数字高程模型是在一定范围内通过规则格网点描述地面高程信息的数据集，用于反映区域地貌形态的空间分布。目前，我国已建成覆盖全国陆地范围的 1∶100 万、1∶25 万、1∶5 万数字高程模型数据库。

1∶100 万数字高程模型数据库于 1994 年建成，格网间距为 600 m，总图幅数为 77 幅。

1∶25 万数字高程模型数据库于 1998 年建成，格网间距为 100 m，总图幅数为 816 幅。

1∶5 万数字高程模型数据库于 2002 年首次建成，2011 年更新精化一次，格网间距为 25 m，总图幅数为 24 182 幅。

二、遥感在测绘领域的应用

1. 地形图测绘

使用航空像片测绘地形图的技术已相当成熟，它的进一步发展是与计算机和自动控制技术相结合，实现制图自动化。但航空像片覆盖面积小，对全球区域不可能在短时间内实现拍摄全部的陆表图像，而且价格昂贵；而卫星图像覆盖面积大，能在短时间内获取全球图像数据，并可进行图像的重复获取。随着分辨率的提高，测图比例尺也在不断提高，如利用 SPOT-5 卫星获取 2.5 m 空间分辨率的图像可以测制 1∶2.5 万比例尺的地形图，利用 IKONOS 卫星获取 1 m 空间分辨率的图像能测绘 1∶1 万比例尺的地形图。一般情况下，遥感图像的空间分辨率与测图比例尺之间的关系见表 6-1。

表 6-1　遥感图像空间分辨率与测图比例尺之间的关系

遥感图像名称	空间分辨率/m	最大测图比例尺	用于一般解释的测图比例尺
多光谱扫描仪	79	1∶50 万	1∶25 万
专题制图仪	30	1∶25 万	1∶10 万
SPOT-1～SPOT-4	10	1∶5 万	1∶2.5 万
SPOT-5	2.5	1∶2.5 万	1∶1 万
IKONOS	1	1∶1 万	1∶5 000
QuickBird	0.61	1∶5 000	1∶2 000
资源三号	2.1/3.5	1∶5 万	1∶2.5 万

利用摄影技术获取地面三维信息测绘地形图的常规方法是立体摄影测量。为了利用卫星图像测绘地形图,各国设计了不同的卫星成像方案。

(1) 多传感器立体观测的高程信息提取

较有代表性的立体观测卫星是 SPOT 卫星。SPOT 卫星上的推扫式高分辨率可见光成像装置是通过控制仪器内的一个平面反射镜旋转角度的方法,实现轨道间的立体摄影。其基高比为 0.5～1.0,在赤道处 26 天内能建立 7 个立体像对,在纬度 45°处能获取 11 个立体像对。平面反射镜偏离低点的最大旋转角为 ±27°。SPOT 卫星图像提取高程的方法一般是利用一级产品(经辐射校正、地球自转、地球曲率、卫星高度和速度变化、反射镜定位误差等项改正后的产品)在数字测图系统上获取高程信息的。

数字化测图方法应用前方交会原理,即由立体像对上同名像点的图像坐标来求解地面点的三维坐标。数字模型常用共线方程,但需要相应于左、右图像的两套方程联合求解。量测高程的条件是要已知外方位元素和寻找同名像点。

(2) 三线阵 CCD 成像几何模型的高程信息提取

三线阵 CCD 获取同一轨道上前视、正视、后视推扫的三幅图像,图像之间可相互建立立体模型。以 3-Camera 立体测图卫星为例,这种传感器用 4 096 个 CCD 元件作为线阵列探测器组,其空间分辨率为 15 m。它的三个传感器同时以推扫方式分别获取三个条带同一地区的图像,其前视、后视传感器的主光轴与正视传感器的主光轴之间的夹角(α)均为 26.57°。卫星的轨道高度为 705 km,故正视传感器的设计焦距为 705 mm;前视和后视传感器的设计焦距为 775 mm,到地面的距离为 775 km。因此,三个传感器获取的图像比例尺(M)均为 1∶100 万。在利用前视、后视传感器的图像建立立体模型时,其左、右视差(ΔP)为:

$$\Delta P = x_1 - x_2 \tag{6-1}$$

根据成像几何关系 $\frac{1}{2}\Delta P = \frac{\Delta h}{M}\tan\alpha$,所以 $\Delta h = \frac{\Delta P}{2\tan\alpha}M$。由于 $\alpha = 26.57°$,$\tan\alpha = 0.5$,故:

$$\Delta h = \Delta P \cdot M \tag{6-2}$$

当然以上是理想情况下,具体量测立体模型时应该考虑姿态角的影响。尤其是卫星从前视运行到后视观测同一地物点时,需要有 92 s 的时间间隔,在这段时间里卫星姿态的变化将使高差的求解变得十分复杂。

例如,IKONOS 卫星也是以推扫方式成像,在同一轨道上用前视、正视和后视三组 CCD 线阵列传感器获取立体图像。它的特点是空间分辨率高达 1 m,可以测绘 1∶1 万比例尺的地形图,用于修测和更新 1∶5 000 比例尺的地形图。

(3) 合成孔径雷达干涉测量技术的高程信息提取

由于雷达卫星具有全天时、全天候、不受云雾等恶劣天气影响的特征,故随着雷达遥感的发展,合成孔径雷达也被用来进行立体摄影测量。因斑点噪声的存在,其使用也一度受到影响。近年发展起来的合成孔径雷达干涉测量技术,提供了获取地面三维信息的全新方法,即利用干涉雷达提取数字高程模型,该方法将大大改进数字高程模型获取的传统模式,这是雷达遥感的最新领域,是遥感和摄影测量科学的前沿。

2. 地形图修测

利用卫星图像修测地形图速度快、费用低,因地形一般情况下不会发生大的变化,因此可以利用卫星图像修测城镇居民地、道路交通、水系及部分地物类型等,还可对变化的地名进行更改。修测地形图的比例尺一般比制作影像图的比例尺小 50%,如专题制图仪图像只能修测 1∶20 万以上比例尺的地形图,SPOT(多光谱)图像只能修测 1∶10 万以上比例尺的地形图。

修测 1∶5 万比例尺地形图最好使用空间分辨率在 5 m 左右的卫星图像。IKONOS 图像空间分辨率为 1 m,可用于 1∶1 万比例尺地形图的修测。

被修测的地形图数字化后形成数字栅格地图或数字线划图,利用数字栅格地图或数字线划图对卫星图像进行校正,将数字栅格地图或数字线划图与校正后的图像进行叠合,然后去除数字栅格地图或数字线划图上已变化了的地物,绘上变化后的地物,就形成更新后的地形图。根据有关测绘规范的规定,更新地物一律用紫色表示。

利用遥感图像进行地形图修测的一般步骤为:① 选择满足修测要求的图像(如图像的波段、空间分辨率、图像类型及成像时间等);② 应将原地形图数字化或从 GIS 数据库中调出原图数据;③ 将遥感图像校正为正射图像;④ 将待修测的地形图数据与图像复合(即栅格-矢量数据叠合);⑤ 在计算机屏幕上检测变化地物,提取变化信息,检测方法可以是人机交互方式,也可以是人工方式;⑥ 将变化的地物信息按规定的编码和格式追加到 GIS 数据库,其中包括新增地物数据追加、变化地物数据修改、消失地物删除。

3. 正射影像图制作

遥感图像是通过遥感技术获得的地球表面实体或事物(地物)的图像。数字正射影像图是使用遥感图像处理软件的正射校正模块对遥感图像进行地理配准和图像增强、融合等处理后,生成的具有地理空间坐标的遥感图像。

卫星遥感数字正射影像图的应用是比较广泛的,如城市及区域规划,土地利用和土地覆盖制图,地质和土壤制图,测绘(地形图的修补量测及专题地图的制作)、农业、林业、牧地、水资源、湿地制图,野生动植物生态学、考古学、环境评价,地形分析及评价,城市虚拟景观的制作等。

(1)卫星遥感数字正射影像图制作原理

数字正射影像图的制作原理是依据其特点应用专业的地理信息遥感软件,对原始遥感图像经过辐射校正、几何校正后,消除各种畸变和位移误差,而最终得到包含地理信息和各种专题的卫星遥感数字正射影像地图。数字正射影像图是具有一定几何精度的图像。图像植被信息齐全饱满,整体色调清晰均匀,反差适中。

(2)利用卫星图像制作数字正射影像图

利用卫星图像制作数字正射影像图时,首先需要在制作影像图的区域内均匀选取一些地面控制点,控制点数量与区域大小和选择的校正模型有关,区域面积大,适当多选一些。控制点的坐标可以在地形图(其比例尺应大于制作的影像图的比例尺)上选取,或用 GPS、其他测量仪器在实地测定。为了保证数字正射影像图的几何精度,还需要该区域的数字高程模型,可采用多项式拟合法或共线方程法等校正方法,结合数字高程模型数据来制作数字正射影像图。根据卫星图像的空间分辨率和粗加工处理后的残存变形误差特点,遥感图像经精加工处理后的残余误差一般在 1~1.5 个像元。

在制作数字正射影像图时,如果使用的遥感图像是多光谱图像,可根据地区景观特征和需要来选择合适的波段。必要时可根据制图区域的主要地物,选择有利于该地区主要地物解译的图像波段;在制作数字正射影像图时,也可以利用多光谱的合成或融合图像,不同地物在不同波段的图像上会表现出不同的图像特征,合成时应采用图像融合技术处理,这样制作的数字正射影像图色调能达到最佳,空间特征表达丰富,增加了影像图所载的信息量。

跨景制作数字正射影像图时,尽量选择同一季节的图像。要对校正后的图像进行色调和反差一致性的调整处理,镶嵌时对镶嵌边界要做平滑处理。

4. 编制专题图

地图是环境的图形再现,按其内容可分为普通地图和专题地图。普通地图表示的是制图域内自然要素和人文要素的一般特征,不偏重于某些要素,因此具有详细而完备的内容,能为该区提供较全面的资料;专题地图简明、突出而完善地显示一种或几种要素,从而使地图内容专题化。

运用遥感专题制图方法,以遥感图像为基本资料,所编制的专题地图称为遥感专题图。遥感专题图的编制过程是综合运用遥感、制图及地学等学科能力的一种体现。遥感资料是专题图的信息源,地图是地面信息的表达形式,地学规律是地面信息经过综合、概括和分类的结果,三者互相联系,缺一不可。因此,科学合理地制订遥感专题图制图工艺,是实现遥感专题图生产的技术保证。遥感专题图的编制是指在计算机制图环境下,利用遥感资料编制各类专题地图,这是遥感信息在测绘制图和地理研究中的主要应用之一。在遥感专题图的编制过程中,资料的收集和分析、地图设计是其中两个重要内容。

(1) 资料的收集和分析

① 遥感资料。遥感资料包括航空像片、卫星图像。在航空像片中,彩色红外像片对水、土、植被的解译具有优异的功能,其解译性能较全色图像要更佳。在卫星图像中,全色波段与多光谱图像的出现,使图像的空间分辨率和光谱分辨率都有所提高,因而提高了卫星图像专题制图的质量。

② 空间分辨率与制图比例尺的选择。空间分辨率(即地面分辨率)是指传感器所能分辨的最小目标的实地尺寸,即遥感图像上一个像元所对应的地面范围的大小。由于遥感制图是利用遥感图像来提取专题制图信息,因此在选择图像的空间分辨率时要考虑两个因素:一是解译目标的最小尺寸;二是地图的成图比例尺。空间不同规模制图对象的识别,在遥感图像的空间分辨率方面都有相应的要求。遥感图像的空间分辨率与地图比例尺有密切的关系。在遥感制图中,不同平台的传感器所获取的图像信息可满足成图精度的比例尺范围是不同的。因此,进行遥感专题制图和普通地图的修测更新时,对不同平台的图像信息源,应该结合研究宗旨、用途、精度和成图比例尺等要求,予以分析选用,以达到实用、经济的效果。

使用遥感图像直接作为地图产品的底图时,图像分辨率和地图比例尺存在着线性关系。在明视距离处,人眼大约每毫米分辨 7 个线对。因此,可以分辨的最小尺寸应为 1/7 mm。对某一成像系统,设其空间分辨率为 R_g(m/线对),则与其图像比例尺分母 M 间的关系为:

$$R_g = \frac{1 \text{ mm}}{7 \text{ 线对}} \times \frac{1 \text{ m}}{1\,000 \text{ mm}} \times M \tag{6-3}$$

即:

$$M = 7\,000R_g \tag{6-4}$$

③ 时间分辨率与时相的选择。遥感图像的时间分辨率差异很大,用遥感制图的方式反映制图对象的动态变化时,不仅要搞清楚研究对象本身的变化

周期,同时还要了解有没有与之相对应的遥感信息源。研究植被的季相节律、农作物的长势,目前以选择 Landsat 卫星专题制图仪或 SPOT 遥感信息为宜。遥感图像是某一瞬间地面实况的记录,而地理现象是变化、发展的。因此,在一系列按时间序列成像的多时相遥感图像中,必然存在着最能揭示地理现象本质的"最佳时相"图像。"最佳时相"的含义包括两个方面:第一,为了使目标不仅能被"检出"且能被"识别",应要求信息有足够大的强度,还应是地理现象呈节律性变化中最具有本质特征的信息;第二,探测目标与环境的信息差异最大、最明显。事实上,受地物或现象本身的光谱特征等多种因素的综合影响,研究目标及对象的"最佳时相"的概念是不一样的。例如,编制地质地貌专题地图,选择秋末冬初或冬末春初的图像最理想,因为这个时段的地面覆盖少,有利于地质地貌内在规律和分布特征的显示。总之,遥感图像时相的选择,既要考虑地物本身的属性特征,也要考虑同一种地物的空间差异。

④ 光谱分辨率与波段的选择。多波段遥感是遥感信息获取的重要方式,也是遥感应用的重要方式。光谱分辨率是由传感器所使用的波段数目(通道数)、波长、波段的宽度来决定的。对于不同的研究对象来说,最佳波段的选择具有特殊的重要性。不论应用何种遥感方法,其基本目的就是要将特定的目标从背景中探测出来。在电磁波的反射(或发射)波段中,能否将目标从背景中探测出来,主要取决于目标与背景的光谱反射(或发射)率是否有显著的差异。目标与背景反射(或发射)率差异最显著的波长区间即为最佳遥感波段。有一种求最佳遥感波段的均方差差别法,可以计算目标光谱反射(或发射)率均方差,即:

$$\sigma_\lambda = \sqrt{\frac{\sum\limits_{i=r}^{n}(\rho_{i\lambda} - \bar{\rho}_\lambda)}{n-1}} \qquad (6-5)$$

式中,σ_λ 为目标光谱反射(或发射)率均方差;$\rho_{i\lambda}$ 为第 i 种目标在波长 λ 处的平均反射(或发射)率;$\bar{\rho}_\lambda$ 为景物中所有目标在波长 λ 处的平均反射(或发射)率;n 为目标总数。

最佳波段的选择一般是用均方差方法,选出那些要素之间光谱反射(或发射)率均方差比较大的波段作为遥感通道。均方差较大的通道说明地物反射(或发射)率差异大,宜于区分各类地物。

⑤ 编图地区的普通地图。编图地区普通地图的比例尺最好与成图的比例尺一致,或稍大于成图比例尺,用作编绘专题图的基础底图或编绘专题图的参考图件。选用普通地图时,要注意地图的现势性和投影性质。因为通常都

要在成图后量取各类专题要素的面积,故宜用面积变形较小的地图投影。

⑥ 其他资料。编制一种专题图,往往需要收集大量有关编图地区的自然与人文要素资料。例如,编制土地资源评价图就要广泛收集诸如地形、土壤、植被、土地利用、地下水、气象等要素资料,进而分析其土地的适宜性和限制因素,并按土地质量划分土地等级。因此,有关编图地区及编图内容的地图资料、统计资料、研究报告、政府文件、地方志等都要注意收集。所收集的资料要经过分析、整理,在做出其质量鉴定后决定其适用性。鉴定时,应注意其科学性、精确性和现势性。

(2) 遥感专题图设计

遥感专题图的设计就是根据专题图的性质,选择合适的统计图技术和方法,以达到地图数学基础精确性、地理规律严密性和图面清晰易读性的要求。专题图的设计并没有一成不变的内容和程序,主要视专题图的性质及制图的技术条件而定。

成图比例尺的选择受多种因素制约,主要取决于制图区域的面积及地图的用途。从地域面积考虑,大致可分为相当于乡镇、县、地区、省、地带、全国等级别的面积系列。从地图用途考虑,用于详细规划的宜选用较大比例尺,用于总体规划的宜选用较小比例尺。就目前广为研制的土地利用现状图来说,大致有几种比例尺可供选择:乡镇级为 1∶1 万左右;县级为 1∶5 万左右;地区级为 1∶25 万左右;省级为 1∶50 万左右。

专题图的表示方法分为质底法、等值线法、符号法、运动线法、分级统计图法、点值法、区域法、定位图表法及剖面法等,主要应从制图对象的特征及地图的用途来选择表示方法。表示方法选择得当,可使地图严密的科学性、明显的易读性、精美的艺术性等达到完美的统一。

专题图的图面配置是指地区的主题区域、图例、图名、附图、附表及图廓内外各种说明资料在图面上的位置和大小的配置问题。图面配置得当,则图面主题突出、结构严谨、美观易读。

专题图的符号和表示形式也是专题图制作的重要内容。通常认为制图符号类型有三种,即点、线、面。另外,可加上描述立体分布的三维图形。地图符号设计必须注意其视图特征。

图像专题图上有时需要描绘一些地物要素及文字、数字注记。有些地物可以直接从图像上解译提取,如公路、铁路、城镇、机场等,有些地物及注记也可以从相应的地图数据库中读取,必要时可以采用各种增强方法,如公路和铁路用不同的专题色填绘、城镇和水系等用分类融合的方法增强。对于图像上难解译的一些地物要素,如境界、等高线中的计曲线、独立地物等,需采用地图数字化方式或直接利用 GIS 数据库中地物要素的矢量数据,或经矢量-栅格变换后与图像配准,进行叠加、复合。

5.水下地形绘制

电磁波对水有一定的透射能力,因此传感器除了接收水面的反射、辐射外,在某种情况下还可以接收透过水层由水层底面反射回来的电磁波,这就有可能用这种信息来测量水深或水底地形。为了进行这样的工作,必须对水透射电磁波的特征进行研究,主要集中在两个方面:一是水对哪些波区的电磁波有透射特征,透射强度与水深的关系如何;二是水质对电磁波透射和反射的影响。根据试验测定清洁水层厚度与太阳光谱透射率的关系见表 6-2。

表 6-2 清洁水不同水深的太阳光谱透射率 单位:‰

波段区域 /μm	水深/cm								
	0	0.001	0.01	0.1	1	10	100	1 000	10 000
0.3～0.6	237.0	237.0	237.0	237.0	236.2	236.2	229.4	172.9	13.9
0.6～0.9	359.7	359.7	359.7	359.0	353.4	304.9	128.5	9.5	
0.9～1.2	179.8	178.8	178.1	172.2	122.8	8.2			
1.2～1.5	86.1	86.1	81.8	63.3	17.1				
1.5～1.8	80.2	78.2	63.7	27.0					
1.8～2.1	25.0	23.0	10.9						
2.1～2.4	25.3	24.5	18.9	1.1					
2.4～2.7	7.2	6.3	2.0						
2.7～3.0	0.4	0.2							
合计	1 000.0	993.7	925.1	859.6	730.2	549.3	358.0	182.4	13.9

从表 6-2 中可以看出,0.3～0.6 m 的蓝绿色光透射率最大,在水深 10 m 处还有 170‰以上的太阳辐射能,其他波段区相对比较小;近红外区吸收严重,光谱透射率最小;一般在 15 m 以内的水下地形,可以从遥感图像上分辨出来。在蓝绿色光波段的卫星图像上,清洁水在不同的水深处表现出不同的灰度。测绘等水深线可以使用密度分割方法,反射亮度相同的地方被认为是一样的深度。

美国也使用过两种不同透射率波段图像的亮度值比率来求水深。在水深 5 m 以内时,相关性非常好。这种测定水深的方法只限于清洁水,如平静的清洁湖水、我国南海近海区,对于测定湖底地形和近海海底浅滩、暗礁比较有利。在水深大于 30 m 时,反射光线已非常微弱,难以在遥感图像上显示出来,必须使用其他方法进行水深探测。另一种水深的测定方法是双介质摄影测量,其测定水深的精度较高,但只能测绘 1~10 m 的深度。利用 GPS 数据和双介质摄影测量数据结合遥感图像进行浅海地形反演,可以测定水深在 0~30 m 的水下地形。

但水质条件很差的地方,如泥沙含量很大、污染水、水中叶绿素含量高的水域,以上方法不适用。此外与水底物质也有关系,水质变化会使水的光谱透射率明显下降,在这些情况下,大多利用其反射率的变化来研究水中悬浮泥沙的含量、进行水污染物质的分析及研究富营养化的作用等。

第二节 资源与环境应用

一、资源遥感

1. 资源遥感概述

资源是人类生存和发展的基础,特别是在人类面临可持续发展挑战的时候,资源问题尤为重要。资源短缺、资源浪费、资源衰竭、资源损害等已成为限制区域乃至全球发展的重要因素,由此引发了一个全新的研究方向——资源安全,这也促进了资源科学研究的发展。解决资源问题,需要从几方面着手:一是加强资源勘探与调查力度,发现更多资源,增加可利用资源总量;二是合理规划与配置资源开发利用,提高资源集约化利用水平;三是加强资源动态监测与管理工作,从"质"到"量"加强资源监测,及时调控资源开发利用。从这几个方面来讲,遥感技术都能够发挥重要作用。在资源探测与勘探方面,遥感是资源勘探有力的工具。例如,矿产资源遥感调查在遥感地质学的支持下,应用遥感图像调查控矿构造,从而为地质物探提供靶区,已被实践证明是一种有效的方法;土地资源遥感动态监测可以调查土地利用动态,及时发现土地利用中存在的问题,通过对光谱特征的深层挖掘与地表参数的反演,还可以发现土地损害和污染的信息,从而为更好地规划、整治和利用土地提供支持;森林资源遥感可以快速调查森林蓄积量,及时发现森林病虫害、森林火灾隐患等,加强森林资源管理水平;水资源遥感可以快速调查水资源现状与发展趋势,从而为更好地规划水资源利用提供支持。

资源遥感的原理在于:资源的原始赋存、利用状态、变化趋势等都与一定的地表状态或地理过程密切相关,而这一状态和过程又具有其明显不同的光谱特征或时态特征,在遥感图像上具有或强或弱的图像特征,从而为遥感应用提供基础。资源遥感的主要方法如下:

① 利用遥感图像提供资源的背景信息,如地下矿产的资源赋存很难直接用遥感图像揭露,但其往往与一定的地质构造密切联系,而地质构造可以通过遥感图像宏观、全面、详细地表示,通过对控矿构造的识别,确定可能的矿产资源赋存带。

② 直接应用遥感图像提取资源分布信息。例如,在水资源调查、森林资源调查、土地资源调查中,可以通过遥感图像中的专题图信息提取、遥感分类,提取不同水体、森林资源和土地利用现状信息,从而实现对资源分布与利用的全面把握,为资源开发、利用与保护提供决策支持。

③ 应用遥感信息反演资源生化参数。如前所述,地表生化参数反演是遥感应用的重要方面之一,通过特定模型与算法对遥感信息进行处理,可以获得如作物叶面积指数、土壤含水量、土地肥力等方面的参数和指标,为资源管理提供服务。

④ 应用多时相遥感信息对资源动态变化进行监测,优化资源开发与利用,合理配置资源,提高资源管理水平。

2. 矿产资源遥感

矿产资源遥感主要包括矿产资源遥感勘探调查、矿产资源开发开采与利用两方面。目前的研究主要集中于矿产资源遥感调查,这也是遥感地质找矿的主要任务。其基本原理是:结构信息是地面岩石地貌、构造地质及各种由外动力地质作用控制的地貌现象在图像上的综合表现,因此图像地貌的形态是遥感图像解译时用于区分地质体或地质现象的重要依据。传感器不仅能接收地表各类地质体及地质现象的信息,而且也能接收某些隐伏在第四纪沉积物、土壤与植被及岩层之下的地质体的信息。因而以成矿理论为指导,利用遥感图像,通过研究与矿产有生成联系的地质信息和矿产信息,总结已知矿区的遥感信息特征,确立有效的遥感找矿标志,并结合常规地质工作成果进行综合分析,再加上野外验证,可以较准确地圈定成矿远景预测区甚至勘探靶区。构造是控制矿床形成的主要因素,研究遥感图像中的线性构造、环形构造及隐伏构造的成像机制,阐明其解译原理及确定信息增强与提取的方法,是遥感找矿的基础工作。

一般来说,遥感找矿方法可以归纳为以下三个方面:

① 遥感图像分析找矿。利用各种航天与航空遥感图像进行目视解译,分

析已知矿产地的图像特征,结合地质背景、成矿条件及物化探异常,以类比的原则从已知推测未知,可进行一定的成矿预测。

② 提取矿产信息进行成矿预测。利用遥感图像处理技术,将与矿床、矿化有关的信息,如蚀变带、氧化带等含矿地质体或某元素生物地球化学异常区(上述统称为矿产信息),直接显示在图像上,从而达到找矿的目的。

③ 遥感地质综合分析找矿。以区域地质演化与成矿规律分析为基础,确定调查区内主要的成矿模式与控矿的地质要素,根据挖矿地质要素的遥感信息特征(包括裸露的及隐伏的)选取一定的图像处理方案,进行有关地质信息的增强或提取处理,同时结合物化探资料进行目视图像分析。利用物化探资料的图像化及数学地质与遥感地质相结合的方法进行成矿预测,是遥感地质综合找矿向纵深发展的新趋势。

3. 土地资源遥感

土地是地表某一地段各种自然要素(地质、地貌、气候、水文、植被、土壤等)相互作用及包括人类活动影响在内的自然综合体,它处于地圈、生物圈与大气圈相互作用的界面,是各种自然过程(物理、化学、生物、地学过程)及人类活动最活跃的场所。遥感反映的是地表及地下一定深度环境信息的综合特征,是地表景观的缩影。土地这一界面是遥感图像上反映最直接的环境信息,同时也是研究其他环境要素的基础。土地资源遥感是研究土地及其变化的重要手段,也是研究区域生态环境、地表过程的基础。土地遥感可从宏观和微观两方面进行,宏观研究主要包括土地覆盖、土地利用、土地资源评价、土地动态监测等,微观研究则是基于遥感反演土地质量指标(如含水量、养分含量及其他土壤参数)。

(1) 土地覆盖遥感分类与制图

土地覆盖是指地球表面当前所具有的、由自然和人为影响所形成的覆盖物,如地表植被、土壤、冰川、湖泊、沼泽湿地及道路等,它不是单一的土地和植被类型,而是以土地类型为主体,并具有一系列自然属性和特征的综合体。

当前主要的土地利用和土地覆盖的遥感分类与制图采用的方法主要包括:① 目视解译定性分析方法;② 计算机自动识别分类方法;③ 土地遥感分类新方法,如决策树、人工神经网络等;④ 遥感与GIS结合建立土地覆盖数据库和土地覆盖分析系统。

(2) 土地利用遥感调查

土地利用主要研究各种土地的利用现状(包括人为和天然状况),它指地球表面的社会利用状态。依据不同的土地用途和利用方式,土地利用的分类系统有不同的类别和等级,目前已有相关的国家标准。

应用遥感技术进行土地利用调查,以摸清土地的数量和分布状况,是遥感应用最早、研究最多的一项基础性工作,在遥感信息源选择、图像分析、解译标志建立、解译与制图、面积量算、误差平差及精度分析等环节,都已形成一套比较成熟的技术路线。

（3）土地资源评价

土地资源评价是关系到土地资源管理和有效利用的一个十分重要的问题,主要对土地农、林、牧的生产潜力(包括适宜性、限制性)进行综合评价,即鉴别某种用地类型的好与坏,并按照土地生产力的高低划分土地质量等级。土地资源评价以土地质量评价为核心,以土地类型和土地利用现状为基础,主要借助于土地性状与利用类型对土地条件的要求,来鉴定各类土地的质量等级。土地质量的高低主要取决于土地自然生态因素等生产性因子相互作用所制约的土地生产潜力。

利用遥感进行土地资源评价的核心思想是基于遥感快速获取和处理有关因子,并在土地资源评价科学理论与模型的基础上,结合 GIS 数据库与系统分析功能的支持,达到快速、客观、科学评价的目的,为决策服务。

利用遥感进行土地资源评价的主要内容包括:① 评价因子的选择;② 评价指标体系的建立;③ 评价指标的数量化;④ 土地资源评价模型的建立;⑤ 土地空间配置的合理利用。

（4）土地动态监测

土地动态监测是当前遥感应用的重要方面,通过多时相遥感图像综合分析,实现对土地利用和覆盖变化、土地退化、土地质量等动态趋势的分析,以从时空动态的角度把握土地演变趋势,优化土地利用,加强土地利用规划与管理。

在土地退化遥感监测方面,遥感对土壤侵蚀的监测主要从侵蚀因子的识别(包括地貌因子、地表组成物质、植被覆盖度和类型、地形因子等)、侵蚀地貌发育的分析、侵蚀强度的分析等方面把握土壤侵蚀的发展趋势。对沙漠化的监测主要是利用遥感资料对自然指标(土壤、水分、地表)、生物学及农业结构(植物、动物、土地利用等)进行分析,并建立植被的干旱化与土地沙漠化过程和危害程度之间的关系,从而在数量上和程度上实现对沙漠化的监测。通过对土壤表层色调和湿度的监测,同时结合对地形地貌的叠加分析,又形成对盐渍化土壤的有效监测。

土地资源遥感动态监测技术主要监测各地区的土地利用结构,以及各利用类型在数量上、空间上的分布。遥感监测的实施是通过遥感与数据库技术实现的。中国科学院在"八五"期间实施了"国家资源环境宏观调查动态分析与遥感技术前沿研究",并建成了全国(东部为1∶25万;西部为1∶5万)资源与环境数据库。其中,关于土地利用和土地覆盖方面的分类有耕地、林地、草地、水域、城镇居民用地等及其二级分类体系遥感调查数据库,另外还有以生态环境为背景的分类,如温度、湿度、地表质地、地形地貌、地势及其二级分类体系遥感资料数据库。这些基本数据库再辅以实时动态的遥感资料,可完成各个层次、各种精度的动态监测。土地质量的监测比较多的是集中在土地自然特征的监测方面,如土地的地学特征、土地的土壤学特征、土地的生物学特征等(有条件的地区还可增加土地社会经济特征的监测)。

(5)土地退化遥感监测

目前,我国土地资源负载力过大,经济快速发展占用土地过多,土地管理制度不够健全,土地经营粗放,土地资源利用不合理现象普遍存在,如土地的过度开发耕种、森林的过度砍伐、草原的过度放牧、水资源的不合理利用等。土地利用形式的变化,不仅改变局部的能量平衡和物质交换(如改变了地表蒸发、蒸散),影响自然界的水循环,又影响着自然界的生态平衡、改变着自然界的碳循环,并使土壤肥力和持水能力下降,致使土地贫瘠化、盐碱化、沙漠化、沼泽化、石质化、钙积化及产生水土流失等,这些现象统称为土地退化。

遥感与GIS结合是进行土地退化监测和动态分析必不可少的重要手段,它不仅可以提供对土地退化现状的及时定量分析,还能从时空不同尺度提供对土地退化状况的动态监测和快速评价,为进一步控制、预测土地退化提供科学依据。

遥感应用在提取土地退化专题信息时,关键在于在地面调查支持下获取沙漠化指标,如遥感可以监测土壤亮度、植被覆盖度、土壤湿度、沙地面积等信息,调查植被覆盖度、土壤质地、沙丘类型、土壤吹蚀量、人类活动情况等,通过遥感数据与地面数据的结合与链接可以对沙漠化进行定量分析。

二、环境遥感

1. 环境遥感概述

随着环境问题的日益突出,卫星遥感技术在环境保护领域中应用的必要性和紧迫性越来越广泛地被世界各国所认识,世界上任何一个掌握和利用卫星遥感技术的国家无一例外地把环境保护作为其研究和应用的重点。这不但极大地促进了环境遥感技术的不断成熟,也促进了卫星环境遥感应用理论与方法的不断深化。国内外大量实践表明,遥感技术是获取环境信息、监测环境动态的强有力手段,具有省时、省力、快速、高效、信息丰富等特点。目前,我国在实施可持续发展过程中面临严重的生态环境问题,如大气污染、水污染、工业污染、固体废弃物污染、土壤侵蚀、土地退化等。将遥感技术快速、宏观、动态的显著特点应用于环境监测,既可从宏观上观测空气、土壤、植被和水质状况,为环境保护提供决策依据,也可实时快速跟踪和监测突发环境污染事件的发展,及时制定处理措施,减少污染造成的损失。

环境遥感是从空中对地表环境进行大面积同步连续监测,突破了以往从地面研究环境的局限性。广义地讲,环境遥感是指以探测地球表层系统及其动态变化为目的的遥感技术,可理解为大气、水(包括海洋)、生态环境等所有遥感活动的代名词,是现代遥感技术应用于地球表层系统研究、为地理科学和环境科学提供技术支持、同时明显区别于其他遥感分支学科的一门技术工具学科。狭义地讲,环境遥感是指利用遥感技术探测和研究环境污染的空间分布、时间尺度、性质、发展动态、影响和危害程度,以便采取环境保护措施或制定生态环境规划的遥感活动。

环境遥感按应用领域的不同,可分为水环境遥感、大气环境遥感、生态环境遥感、灾害遥感四大类。水环境遥感包括水资源遥感(水温、水深、径流估算,以及河流、湖泊、河口三角洲、海岸带的水域变化等)、水质遥感(水体富营养化、悬浮泥沙污染、石油污染、废水污染、热污染等)和海岸环境遥感(海洋水色要素信息提取,如叶绿素、悬浮泥沙、黄色物质等)。大气环境遥感包括大气温度和湿度、水汽、大气成分、气溶胶、云迹风、大气降水监测、云遥感等。生态环境遥感主要包括自然生态环境遥感(土地利用和土地覆盖变化、植被、土壤侵蚀、荒漠化等)和城市生态环境遥感(城市土地利用动态变化、城市绿地覆盖、城市交通、城市住房、城市工业区识别与规划、城市人口遥感,以及城市环境监测、城市大气污染、城市水污染、城市固体废弃物)等。灾害遥感包括水灾(或洪灾)遥感、气象灾害(如干旱、台风、暴雨、强对流天气、雪害等)遥感、地质灾害(如滑坡、泥石流、地震、火山爆发、台风等)遥感、火灾(如森林火灾、草原火灾)遥感,以及农作物、果树、牧草病虫害遥感监测。

环境遥感的原理在于:各种环境要素(包括大气、水、固体废弃物等)、环境污染物和环境过程都具有其特定的时间、空间和光谱特征,这些特征通过一定的直接或间接特征能够在遥感图像上进行表达,应用遥感信息处理可以提取环境要素、监测环境污染、评价环境格局、分析环境趋势、预测环境发展、发现环境问题、辅助环境保护。

环境遥感的主要方法包括:① 利用遥感图像提取环境要素或环境演变的背景信息,通过图像分类实现对环境分布格局的掌握与调查;② 直接应用遥感图像提取环境要素、典型环境现象;③ 应用遥感信息反演环境污染生化参数、环境状态信息;④ 应用多时相遥感信息对环境动态变化进行监测;⑤ 利用遥感与 GIS 集成进行环境过程分析、演变模拟与趋势预测。

2. 大气环境遥感

由遥感的物理基础可知,电磁辐射的大气传输在遥感中发挥着重要影响,特别是由大气吸收、折射和散射导致遥感可用的大气窗口比较少,而且会减弱进入传感器的能量,容易得出大气只能对遥感产生负面影响的结论。事实上,正是大气的这一特征使遥感监测大气环境成为可能。无论是航天遥感还是航空遥感,都会因为大气影响而使信息有所衰减,因此传感器接收的信息就会"失真",这种"失真"信息研究就成为遥感监测大气环境污染的基础。遥感对大气环境的监测主要包括大气臭氧层监测、气溶胶含量监测、有害气体监测、大气热污染监测等。大气环境遥感技术可以分为掩星、散射和发射三大类。掩星技术测量的是通过大气时的已知特征信号由于大气作用而发生的变化。散射技术测量的是沿入射波方向或偏离该方向的散射波特征。发射技术的辐射源是大气本身,测量的是发射辐射的光谱特征及其强度。

大气探测的目的是测量大气特征的时空变化,特别是温度、成分特征和浓度、气压、风及密度等,如在温度探测方面,测量已知气体(地球大气中如二氧化碳或分子氧)的发射辐射,可以导出大气温度。此外,可以通过探测与某种分子有关的一条或几条谱线是否出现鉴定大气成分,确定成分的丰度(一种化学元素在某个自然体中的重量占这个自然体总重量的相对份额)则要求更细致的谱线分析。大气遥感又可分为被动式大气遥感和主动式大气遥感。

在被动式大气遥感中,主要是通过太阳辐射和其他自然辐射源发出的辐射与大气相互作用的物理效应来遥感探测大气,可利用的辐射源主要有太阳辐射、大气及地面等的红外辐射和微波辐射。红外热辐射计用于红外热辐射探测,接收大气发射的波长为 $1 \sim 100 \ \mu m$ 的红外波;微波辐射计用于接收大气发射的波长为 $1 \sim 100 \ mm$ 的微波。两种仪器都能实现对大气温度、湿度、微量成分,以及云、雨参数的遥感探测。

气象卫星的投入使用是遥感技术在气象学中最成功的应用,开辟了从高空全面、不间断监测大气的观测平台,不仅能提供卫星云图,而且还可以获得大气中水汽、臭氧、温度的垂直分布及风场等信息。

主动式大气遥感是由遥感探测仪器发射波束,此波束与大气物质相互作用而产生回波,通过检测这种回波而实现对大气的探测。主动式大气遥感探测仪器既要发射波束,又要接收回波,属于雷达工作方式,因此其结构复杂,但其探测能力比被动式遥感强许多。微波雷达和激光雷达是主动式大气遥感探测技术的主要发展方向,两者的工作原理基本相同,不同的是工作波长。微波气象雷达的工作波长为 $1\sim100$ mm,而大气探测激光雷达的工作波长为 $0.1\sim10$ μm。微波波束的波长比较长,使它只能与大气中的云、雨、雪等大尺寸粒子或大范围的大气不均匀体相互作用,产生回波,对晴空均匀大气则会直接穿透,形成探测盲区;而激光波束因其波长较短,则可与大气中的任何原子、分子和粒子相互使用而形成回波,从而不仅可探测它们,而且可以区分它们。因此,微波气象雷达一般适用于在天气较差条件下对云、雾、雨、风等大气特征进行探测与研究,而大气探测激光雷达一般适用于在天气较好的条件下对大气的其他参数(如密度、温度、湿度、压力、微量组成、大气风场等)进行高空间分辨率的探测。

3. 水环境遥感

作为环境独立因子的水体相对其他环境因子,具有较为明显的辐射特征,其主要表现为:

天然水体对 $0.4\sim1.1$ μm 电磁波的反射率明显低于其他地物,其总辐射水平低于其他地物,在遥感图像上常常表现为暗色调;在近红外波段的反射率比可见光波段更低;对不同的水体,在可见光波段其反射率有较明显的不同,如随泥沙含量的增加反射率将增强。水体的识别和水质的监测大多就是基于这一原理开展的。水体范围的界定往往需要借助于某些辅助信息,如地理信息数据等。水质监测则通过分析卫星多通道遥感数据,尤其是某些敏感通道,结合实际观测资料,通过相关分析计算,形成局地区域的定量产品。下面以水污染为例进行介绍。

水污染是最重要的水环境问题,直接影响水质情况,进而影响人类健康和作物生长。传统水污染监测主要是通过特定的仪器进行的,近年来遥感技术特别是高光谱遥感在水污染监测与水质分析中得到了广泛应用,成为一种极具发展前景的应用技术。在地面实测光谱与测试分析结果进行统计回归分析的基础上,可用这些数据对航空、航天高光谱数据进行改正,从而促进航空、航天高光谱遥感技术监测水污染的发展。

海上或港口的石油污染是一种常见的水体污染,遥感调查石油污染不仅能发现已污染区的范围和估算污染石油的含量,而且可追踪污染源。石油污染后在水面上形成一层油膜,与未污染水体的反射率有很大不同,辐射温度也

不同,因此可以利用热红外图像进行监测。探测石油污染的方法主要包括:
① 用 $0.3\sim0.4~\mu m$ 波段探测;② 用热红外图像探测;③ 用微波辐射计或合成孔径雷达图像探测。

在沿河、沿海或者在港湾的工业区和人口密集区,有大量的工业和生活废水产生,这些废水往往是多排污口、多渠道,有时还是间断性地排入江河湖海。常规方法在污染源及废水输移扩散的整体监测方面往往有困难,而遥感则是一种很好的方法。光谱测定表明,造成水体污染的城市生活污水、工业废水和固体废弃物等的光谱反射特征与洁净水体有较明显的差异,因此可以利用它们的光谱特征来监测水体污染状况,并由此监测污染水体的动态变化及其稀释情况。例如,利用专题制图仪图像可以区分水体严重污染、重污染、轻污染等不同情况,为污染治理提供依据。从遥感图像上可以得到的废水污染信息主要包括污染源类型、排污口、污染程度、污染范围、污染扩展趋势等。

此外,工业冷却水排放引起的热污染也是非常重要的水污染之一。对水污染的研究一般可以采用热红外图像进行,热红外图像基本能够反映水污染区温度场的特征,达到定量解译的目的。

近年来,对水体污染的遥感研究,正在从空间的范围确定、定性的污染程度判定,逐步向定量的污染指标反演发展。目前主要的方法是通过对实测光谱曲线与污染指标的统计、回归分析,确定对典型污染指标有效的原始光谱曲线或导数光谱曲线上的光谱波段区间或光谱特征(光谱吸收指数等),并建立污染指标与有效波长特征值之间的关系式,完成反演污染指标工作。

4. 生态环境遥感

生态环境遥感包括自然生态环境遥感和城市生态环境遥感。本节主要讨论自然生态环境遥感,城市生态环境遥感内容将在下节进行介绍。

遥感在自然生态环境研究中的应用往往是从研究植被入手,无论是土壤重金属污染、植被病虫害,还是野生动物生态环境,在遥感图像中都是通过植被的光谱特征变化来反映的。因此,用于生态环境研究的遥感图像应能反映植被的不同种类和生长状况。植被的最佳波段范围在 $0.4\sim2.5~\mu m$ 的可见光和近红外范围。自然生态环境遥感监测的主要内容包括土地利用和土地覆盖监测、植被监测、湿地监测、荒漠化监测、水土流失监测等。

(1) 土地利用和土地覆盖

土地利用和覆盖变化是陆地生态系统、生态环境等领域研究的热点课题。遥感是实现土地利用和土地覆盖信息提取与动态监测的基本信息源,土地利用和土地覆盖变化也是遥感重要的应用方向,并已成为许多领域应用的切入点。目前,土地利用和土地覆盖监测中涉及的遥感信息源可以采用当前主要的卫星遥感图像,形成了多分辨率、多时相的遥感信息获取技术系统。当前遥感技术在土地利用和土地覆盖研究中的应用主要包括:土地利用和土地覆盖遥感分类;土地利用和土地覆盖遥感动态监测。其中一些关键问题如下:

① 分类体系拟定。土地利用和土地覆盖遥感监测中的分类体系有许多不同的方法,目前采用较多的是国家土地利用详查分类系统,以及刘纪远等在中国资源环境遥感宏观调查与动态研究中建立的土地资源三级分类系统。

② 分类方法。常用的方法仍是基于像元光谱特征的分类方法,如监督分类、非监督分类等,随着对土地利用和土地覆盖研究的深入,基于地学知识系统改进的自动分类方法得到广泛应用,进一步的发展方向则是 GIS 与遥感一体化的土地利用和土地覆盖遥感信息提取与分析。

③ 参考数据获取。土地利用和土地覆盖研究需要与实地数据对照,并与其他生态环境过程、陆地系统碳循环、陆面过程等相结合,为了提高分析精度,参考数据质量非常重要。除通过土地利用现状图等选择训练样本外,还经常采用 GPS 辅助外业调查获取现势土地利用数据。

④ 变化检测算法。当多时相遥感信息直接应用于动态监测时,变化检测算法非常重要。对于动态规律与趋势分析的正确性至关重要。

⑤ 分类(聚类)结果分析。土地利用和土地覆盖结果的分析、土地利用和土地覆盖数据与其他生态环境过程及地学模型的集成都是提高土地利用和土地覆盖遥感监测结果利用水平、实现多学科研究目标的基础,也是需要重点解决和研究的问题。

(2) 植被监测

植被的光谱特征主要表现在以下几方面:

① 植被在近红外波段的反射率急剧增加,这对于植被与非植被的区分、不同植被类型的识别、植物长势监测等都是非常有价值的。

② 植物的发射光谱特征主要表现在热红外和微波波段。植被在热红外波段的光谱发射特征与植物温度直接相关。植物的微波辐射能量与植物及土壤的水分含量有关,而植物的雷达后向散射强度与其介电常数和表面粗糙度有关,反映了植被水分含量和植物群体的几何结构,同样传达了大量植物的信息。植物的发射特征(热红外和微波)和微波散射特征信息是对光学遥感数据的补充。

③ 植被具有"红边"效应。所谓红边,是指红色光区外叶绿素吸收减少部位到近红外高反射率之间,健康植物的光谱响应陡然增加(亮度增加约 10 倍)

的这一窄带区。作物快成熟时,其叶绿素吸收边(即红边)向长波方向移动,即"红移",可以通过对作物红边移动的观察来评价作物间的差异及某一特定作物成熟期的开始。

鉴于植被具有以上明显特征,在植被遥感中通常采用植被指数、红边指数等指标对植被进行提取。

所谓植被指数,是指在植被遥感中,选用多光谱遥感数据经分析运算(线性或非线性组合)产生某些对植被长势、生物量等有一定指示意义的数值,它试图用一种简单有效的形式来实现对植物状态信息的表达,以定性和定量地评价植被覆盖、生长活力及生物量等。在植被遥感中,通常选择对绿色植物(叶绿素引起的)强吸收的有可见光红色光波段和对绿色植物(叶内组织引起的)高反射的近红外波段,这两个波段不仅是植被光谱中最典型的波段,而且对同一生物物理现象的光谱响应截然相反,故它们的多种组合对增加或揭示隐含信息是有利的。

(3) 生态环境综合调查

生态环境综合调查是综合应用遥感技术对区域(或流域、城市)的各项生态环境指标与因子进行监测、反演,以实现对生态环境现状调查,为生态环境治理提供决策依据。生态环境综合调查的内容因研究区特点、目标与任务的不同而有不同的内容。一般来说,广义的生态环境调查既包括地表生态环境调查,也包括大气污染、水环境调查;而狭义的生态环境调查则主要是指土地利用和土地覆盖变化、土地"三化"等地表生态过程的调查。下面结合"中国西部地区生态环境现状遥感调查"对遥感技术在区域生态环境现状调查中的应用进行介绍。

中国西部地区生态环境现状遥感调查旨在利用先进的遥感和 GIS 技术对西部地区生态环境现状进行一次全面的摸底,以全面反映西部地区生态环境的现状和动态变化,为西部地区生态环境规划、生态恢复和生态环境保护决策提供科学依据。中国西部地区生态环境现状遥感调查综合运用景观生态学理论、生态系统服务功能理论、可持续发展理论、遥感和 GIS 技术,研究了中国西部地区生态环境现状遥感数据的处理与集成,开展了中国西部地区土地覆盖和生态要素结构变化分析、沙漠化和沙土流失强度评价、生态脆弱特征及时空分布规律分析、基于遥感调查的生态环境质量评价、基于多时相遥感数据对比的典型区生态环境遥感分析和生态环境变化成因对策分析等综合性的研究,不仅全面系统地获取了西部地区生态环境现状和动态变化的空间分布和空间统计信息,而且用遥感分析和数字化手段揭示了西部地区生态环境现状及其动态变化的空间分布、空间统计和空间特征规律。中国西部地区生态环境现状遥感调查的技术路线如图 6-1 所示。

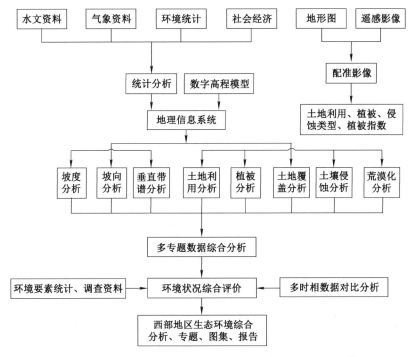

图 6-1 中国西部地区生态环境现状遥感调查技术路线①

三、灾害遥感

1. 灾害遥感概述

灾害是人类社会可持续发展过程中除资源、环境之外的另一重要限制因素,主要包括自然灾害(自然变异为主因产生并表现为自然态的灾害,如地震、海啸、飓风、洪灾等)、人为灾害(人为影响为主因产生并表现为人为态的灾害,如火灾、交通事故等)、自然人为灾害(由于自然变异引起但却表现为人为态的灾害,如太阳活动峰年发生的传染病大流行)、人为自然灾害(人为影响为主因但表现为自然态的灾害,如过度采伐森林引起的水土流失、过量开采地下水引起的地面沉陷等)。防灾减灾是当前全球面临的重要问题,特别是近年来发生

① 国家环境保护总局.中国西部地区生态环境现状遥感调查图集[M].北京:科学出版社,2002.

在东南亚的海啸、发生在美国的飓风等灾害,更是再次对人类防灾减灾的能力提出了严峻的挑战。

灾害发生前获取孕灾因子并预测灾害发生时间与范围、灾害过程中实时监测灾害演变趋势与规律以辅助救灾减灾、灾害结束后获取灾区信息以辅助灾区重建与救济等都要求能够获得实时、准确、动态的灾情信息。由于各种灾害一般都发生在地表一定空间范围内,且对区域地面环境、生活设施、人类生活产生明显的影响,因此应用遥感信息特别是卫星遥感图像能够从空中的角度、从动态的角度进行灾害预测、监测、评价,并指导灾区重建。防灾减灾是遥感应用的重要方面,特别是在"国际减灾十年"中,遥感技术得到了广泛应用,积累了丰富的经验。目前,应用遥感技术防灾减灾较多的一些自然灾害主要包括洪水灾害、地震、海洋灾害、火灾、地质灾害、气象灾害、农作物生物灾害、森林虫灾病灾与火灾等。

如前所述,灾害遥感的主要原理在于:① 往往发生在一定的地表空间,因此地表空间呈现明显的结构变化;② 灾害往往是一个动态过程,因此灾区处于快速变化之中(包括范围扩展和灾害程度变化);③ 不同受灾程度往往会影响地表覆盖的光谱特征,因此能够在光谱中得到体现;④ 孕灾因子往往可以通过遥感图像直接或间接地进行提取解译。因此,灾害遥感可以从时间、空间和光谱三维开展,既可以提取灾害的背景信息,又可以提取灾害的态势信息,同时能够进行动态的灾害分析。

灾害遥感的主要应用方式包括以下几种:

① 直接遥感信息提取。通过不同的信息提取模型,对反映孕灾因子、灾区背景数据、灾情态势等的信息进行直接提取。

② 遥感图像分类。通过一定的图像信息和辅助数据,基于孕灾因子或灾情数据,对区域进行灾害发生预测划分分类,或按灾情严重程度进行分类,或根据地表覆盖变化对灾后受灾程度进行分级划分等。

③ 灾害演变遥感动态监测。通过多时相遥感图像,按照遥感动态监测的方法,对灾害程度、趋势进行分析评价。

④ 灾害遥感信息模型。将孕灾因子、遥感数据、灾害机理机制过程模型等结合,形成灾害遥感信息模型,以对灾害的动力学机制和演变趋势进行研究。

⑤ 基于遥感和GIS的防灾减灾信息系统。通过遥感与GIS的集成,建立完善的防灾减灾信息系统,将灾害遥感监测、灾情信息管理、灾害分析与预测、防治决策支持等集为一体。

2. 洪灾遥感

我国是世界上暴雨洪水最频繁的国家之一,防洪减灾是我国一项艰巨而持久的任务。遥感技术是防洪减灾中的重要技术手段,可以对洪涝灾害进行实时监测、预测和评估,为制定防洪减灾对策提供可靠的依据。在洪灾发生前,遥感技术可以不断提供关于洪水灾害发生背景和条件等信息,有助于圈定洪水灾害可能发生的地区、时段及危险程度,从而采取必要的防灾措施,减少灾害造成的损失;在洪灾发生过程中,可以不断监测洪水灾害的进程和态势,及时把信息传输到各级防洪抗灾指挥部,帮助他们有效组织防洪抗灾活动;在成灾以后,可以迅速准确地查明受灾情况,以便及时组织救灾、恢复生产、重建家园。

水体光谱曲线是洪灾遥感的基础。水体最明显的光谱特征是在 $1.00\sim1.06\ \mu m$ 处有一个强烈的吸收峰,在 $0.80\ \mu m$ 和 $0.90\ \mu m$ 处有两个较弱的吸收峰,在 $0.54\sim0.70\ \mu m$ 处反射率最高。随着波长的增加,光谱反射率呈下降趋势,只在 $1.08\ \mu m$ 处略有上升。相对于植被或土壤来说,利用水体在整个反射红外波段具有很突出的低反射特征,可以把水体识别出来,包括水体边线的圈定和面积计算。洪水性状及其光谱的反应在不同条件下也有较大差异,最重要的影响因素是含沙量,随着河水中含沙量的增加,其反射率呈现整体上升趋势,而光谱曲线的形状并没有大的变化。

洪灾遥感中所使用的遥感信息包括 NOAA 卫星的改进型甚高分辨率辐射计、Landsat 卫星的专题制图仪和 ETM＋绘图仪、SPOT 卫星、气象卫星、Radarsat 卫星和其他雷达图像数据,以及航空遥感图像等。气象卫星提供超短期航天遥感资料,在监测洪水方面有很大的潜力,特别是在暴雨洪水时,天空被云层覆盖,应用气象卫星加雷达网可以进行监测。虽然高时相分辨率 NOAA 卫星图像的空间分辨率较低,但其具有昼夜获取信息的能力,能够记录洪水发生、发展的过程。专题制图仪和 SPOT 卫星图像具有多波段多时相的特征,分辨率适中,可有效获取地面覆盖信息和洪水信息,是洪水淹没损失估算、模拟分析的有效资料。机载侧视雷达可全天候获取洪水动态信息,是洪峰跟踪、实时监测的最佳仪器。航空像片几何性能好、分辨率高,可提供最详尽的地面信息。卫星雷达图像如 Radarsat 卫星等具有一定的穿透能力,在洪水监测中也具有良好的应用性能。

从洪灾遥感监测来看,由于不同遥感信息源具有其明显的优势,如气象卫星的高重复成像率、专题制图仪或 SPOT 卫星图像的多时相和多光谱特征、雷达图像的穿透性和全天候能力、航空图像的高分辨率特征,因此多源信息的融合与复合是洪灾监测的有效技术。

3. 火灾遥感

利用遥感技术监测火灾在国外始于 20 世纪 60 年代的航空热红外探测，但目前大都是利用对地观测卫星对火灾进行监测，主要集中在对森林火灾的监测方面。通常用于林火监测的主要有热红外数据、专题制图仪数据、中分辨率成像光谱仪和改进型甚高分辨率辐射计气象卫星数据。

火灾监测实际上是对卫星观测到的下垫面高温目标的识别。地面高温目标通常由卫星携带的扫描辐射仪观测的资料经过一定的加工处理得到。但并非所有的热点都是火点，为排除这些异常热点和固定热源信息，在综合利用各通道卫星资料的同时，往往需要加入一些其他辅助信息，如地理信息数据，以确定下垫面的类型，提高火灾监测评估的正确性和可靠性。

3～5 μm 波段是监测林火的最佳波段，该波段的扫描图像能清楚地显示火点、火线的形状、大小和位置，对于特别小的隐火、残火有较强的识别能力。当林火火焰温度达到 1 300 K 左右时，其辐射峰值 2.233～5 μm 正好处在 TM7 波段(2.08～2.35 μm)的光谱响应范围，故专题制图仪图像能监测林火温度很高的特大林火灾害。TM6 波段(10.4～12.5 μm)在夜间能提供热图像，对暗火、残火有一定的探测作用。气象卫星用于林火监测时，覆盖面积大，发现火灾及时，而且能积累火灾发生、发展的整个过程，具有敏感度高、时效好、快速、成本低的优点。

4. 地质灾害遥感

常见地质灾害主要包括地壳变动类(火山爆发、地震)、岩土位移类(崩塌、滑坡、泥石流)、地面变形类(地面沉降、地裂缝、岩溶塌陷、采矿塌陷等)和其他灾害(地下煤层自燃、冻裂等)。

滑坡、泥石流主要发生在地形复杂、交通不便的山区，大多突然发生，历时短暂，破坏力强，灾情实地调查难度大，遥感技术则为灾害调查提供了有力支持。由于滑坡、泥石流的覆盖范围相对比较小，而且需要在遥感图像上识别反映灾害体的特征和形状，因此对空间分辨率的要求比较高，同时还需要可见光与近红外波段有较高的光谱分辨率。早期的应用主要是以航空遥感分析具体灾害体形态、规模与运动方式等微观特征，以航天遥感资料应用于分析灾害的空间特征、背景信息与总体趋势等宏观信息。随着高空间分辨率卫星遥感的发展，SPOT、IKONOS 和 QuickBird 卫星图像等将以其高空间分辨率、多光谱成像的优点在滑坡、泥石流灾害调查中得到广泛应用。遥感应用于滑坡、泥石流调查的主要方法包括基于目视特征的直接解译法、应用多时相遥感资料的动态对比法、遥感信息综合分析法。滑坡、泥石流遥感解译的主要内容包括:定性识别滑坡、泥石流,微地貌结构解译,灾害体要素估算,灾害特点分析与形成机理探讨,灾情调查和损失评估。

地震是一种由于缓慢累积起来的能量突然释放而引起的大地突发性运行,是一种潜在的自然灾害。利用各种先进技术手段特别是卫星遥感进行地震预报、监测与灾情评估具有重要意义。卫星热红外图像是地震预报的有效方法,其原理就是从热红外图像上分析判断低空大气增温的特点、规律,进而研究其影响的区域范围、孕震中心和强度,最终综合予以预报。

由地下开采(如采水、采矿等)引起的地面沉降也是一种常见的地质灾害。应用遥感监测地面沉降目前主要从两方面开展:一是对地面沉降范围的确定;二是对地面沉降范围和程度(沉降值)的确定。通过土地覆盖的变化可以定性地确定大区域沉降范围,但其精度往往不是很高。目前较多采用能够确定地面变形、沉降值的遥感监测方法,同时确定其范围和程度,如基于 SPOT 立体像对建立数字地面模型,发现地面沉降。利用合成孔径雷达干涉测量监测地面沉陷是一项极具发展前景的技术,也是目前的研究热点。

第三节　城 市 应 用

一、城市遥感概述

城市是人类生存和活动的场所,随着城市化进程的加剧,作为人类文明发展重要标志的城市,同样也面临着严重的生态环境与可持续发展问题,进而出现了所谓"城市病"如何监测、管理、分析的问题。为城市规划与管理提供决策支持,需要有充足的信息支持。遥感提供了从空中对城市的多分辨率、多时相、多平台观测,是监测城市生态环境与城市扩展的有效信息源。因此,城市遥感作为遥感的一个重要应用分支,得到了快速发展和广泛应用,也是遥感应用最成功的领域之一。近年来,随着城市 GIS、数字城市的建设,遥感正在作为城市信息化最重要的信息源,在城市规划、管理与可持续发展中发挥着重要作用。

城市地物主要包括建筑物、道路、水体、植被等。建筑物遥感图像特征由不同建材(如沥青、水泥、各色瓦、油毡等)构成的顶部光谱特征决定。总体来看,建筑物顶部的遥感图像特征主要表现在:① 反射率较高(与材料有关);② 具有一定的热辐射能力;③ 在微波图像上由于建筑物高低不齐造成表面粗糙,雷达回波反射较强。道路的光谱特征主要由水泥和沥青决定,一般来说,在 $0.4 \sim 0.6\ \mu m$ 波段其反射率缓慢上升,后趋于平缓,至 $0.9 \sim 1.1\ \mu m$ 波段处逐渐下降。此外,道路也具有较好的热辐射能力,在热红外图像上能得到体现。城市水体与植被的光谱特征与一般水体、植被类似。除光谱特征外,城市地物往往具有一定的形状与纹理特征,可以作为遥感信息提取和分类的依据。

城市遥感的原理如下:

① 作为城市基础的城市地理空间构成、结构、状态、变化趋势等都与一定的地表状态或地理过程密切联系,具有其明显不同的光谱特征或时态特征,从而在遥感图像上具有或强或弱的图像特征,为遥感应用提供方法基础。

② 城市资源、生态、环境、土地等方面的遥感应用既具有资源遥感、生态环境遥感、土地遥感的特点,又因处于城市这一特殊的系统内而具有其独特的空间和光谱特征。

③ 一些城市社会经济信息虽然不直接具有明显的遥感图像标志或特征,但往往与特定的可从遥感图像上获取的信息具有特定的关系,因此可以通过图像内容与统计分析实现遥感应用。

城市遥感中的主要信息处理方法如下:

① 利用遥感图像提取城市综合或专题要素信息。

② 应用遥感图像进行城市土地利用分类。

③ 基于遥感信息和统计分析计算预测城市信息。

④ 遥感信息与其他多源信息、数理模型结合评价城市生态环境、城市化水平等。

⑤ 应用多时相遥感信息对城市扩展进行监测。

⑥ 面向城市应用对遥感与 GIS 进行集成。

二、城市规划遥感

1. 城市扩展遥感监测

城市化一个最明显的标志就是城市规模的空间扩展,这一空间扩展在遥感图像上可以通过城市空间范围的变化、土地利用方式的改变、道路等基础设施的变化等予以体现,通过多时相遥感图像监测城市发展也是当前城市遥感的重要内容。城市扩展的本质仍是土地利用的动态变化,因此对城市扩展遥感监测的研究往往是通过土地利用的动态监测实现的。图 6-2 所示为城市扩展的土地利用动态监测中采用的技术方法。

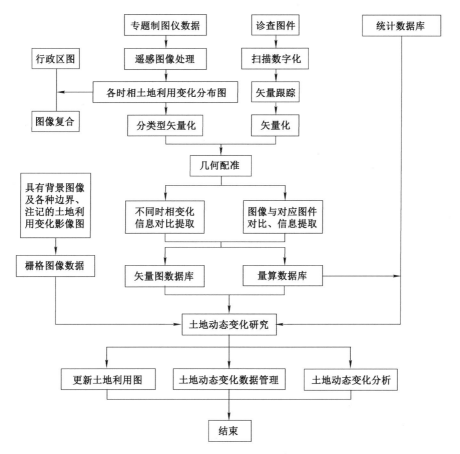

图 6-2　城市扩展遥感动态监测的技术流程

2. 城市规划遥感应用

在城市规划管理及发展决策方面,遥感信息能为城市建设发挥重要的作用。在进行城市总体规划时,应用遥感资料进行基础底图修编、城市用地现状图编制等工作可以大大提高工作效率和成果质量;在进行城市单项规划时,如交通布局、工业类型和分布、居住用地分类和住房质量分析、城市绿化规划和环境规划等方面,可以从遥感数据中获得有效的成果和有益的启示。遥感技术在城市规划中的应用主要体现在获取城市绿地、工业区、工业类型、工业用地、住房分析、交通分析等需要的现状和历史信息,具体可参看相关类型的遥感分析与应用。

近年来,城市遥感发展非常迅速,特别是随着数字城市的建立、城市空间数据基础设施的建立与应用,以及高空间分辨率卫星遥感的发展,为城市提供了持续不断的信息源,进一步推动了城市遥感的发展。

三、城市生态环境遥感

城市生态环境是自然现象和人类活动的综合产物,城市范围里一切现象都与城市生态环境密切相关,是城市生态环境的重要组成部分。城市生态环境遥感的主要内容包括:城市土地利用现状研究及分析;城市绿化系统分析及规划;城市环境污染调查、环境监测;城市气候研究、城市热岛效应研究;城市交通、建设、工业、公共设施现状及分析;城市结构、边缘发展动态分析等。当前城市的主要环境问题包括城市热岛效应、城市大气污染、城市水污染、固体废弃物、热污染等。

1. 城市热岛效应与热环境遥感

城市热岛效应是现代城市人口密集、工业集中形成的市区温度高于郊区温度的小气候现象。热岛的热动力作用形成了从郊区吹向市区的局地风,把从市区扩散到郊区的污染空气又送回市区,使有害气体和烟尘在市区滞留时间增长,加剧了市区污染。红外遥感图像反映了地物辐射温度的差异,可为研究城市热岛提供依据。目前,研究热红外遥感的常用信息源主要有 NOAA 气象卫星改进型甚高分辨率辐射计的第四通道($10.5\sim11.3\ \mu m$)、第五通道($11.5\sim12.5\ \mu m$)和陆地卫星专题制图仪的第六波段($10.4\sim12.5\ \mu m$)。由于 TM6 波段的图像分辨率为 $120\ m$,远高于 NOAA 卫星,且图像近似正射,大气程差较均匀,数据可比性强,故对于研究热场的景观结构更为有效。图 6-3 所示为城市空间热环境研究的技术路线。

2. 城市大气污染遥感监测

城市大气污染物的主要来源是固定工业排放源排出的烟尘、机动车尾气,以及裸土地面、建筑工地、建材堆场等的扬尘、人流和车流等引起的再次扬尘。城市大气污染遥感监测主要是通过遥感手段调查大气污染源分布、污染源周围的扩散条件、污染物的扩散影响范围等。烟囱是城市大气污染中最重要的污染源,在高分辨率卫星图像或航空图像上比较容易目视识别,其阴影长、投影差大,但实现自动提取的难度仍比较大。

烟尘扩散及影响范围调查主要是围绕烟囱和城市道路形成的以烟气、废气由点到面的逐步扩散,往往导致图像模糊不清,能够从遥感图像上进行目视判断。如何建立大气污染程度对光谱特征的影响,进行确定其与图像特征的关联则是需要进一步解决的问题。

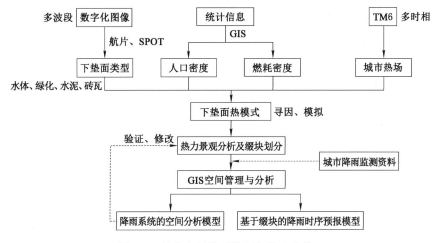

图 6-3　城市空间热环境研究技术路线

有时,还可以利用植物对有害气体的敏感性来推断某地区大气污染的程度和性质。在污染较轻的地区植被受污染的情形不易被人察觉,但是其光谱反射率却会产生明显变化,在遥感图像上表现为灰度的差异。

四、城市人口遥感估算

如前所述,城市遥感既可以直接采用图像特征进行分析应用,也可以应用图像特征与城市要素的关联关系进行应用,其中最典型的就是城市人口的遥感估算。尽管城市人口不能直接在遥感图像上予以体现,但由于人类的居住区在遥感图像上有明显的反映,而且遥感图像处理能够实现对住房与非住房的区别,进而确定住房类型、层数和住户,在这些信息的支持下,就可以实现城市人口的遥感估算。用遥感信息估算人口的方法有三种:一是以遥感图像上获得的居住单元来估算人口;二是以土地利用类型估算人口;三是以建成区面积估算人口。下面以土地利用密度法为例进行介绍。

土地利用密度法主要是针对城市不同的土地利用类型有不同的人口容量,因此人口密度也不同,表示为:

$$P = \sum_{i=1}^{n} A_i D_i \tag{6-6}$$

式中,A_i 为各土地利用类型的面积;D_i 为各类型用地对应的人口密度。

该方法首先在航空像片或卫星图像上区分居住用地和非居住用地,然后把居住用地再按房屋的状况划分为不同的住宅类型,量出各类住宅的面积,抽样调查各住宅类型的平均人口密度,即可得到各住宅类型区的人口和全城区总人口,这种方法对于城乡人口调查比较适用,是比较可取的一种方法。

第四节　农业与林业应用

一、农业遥感

农业是遥感的重要应用领域,现代遥感技术的多波段性和多时相性十分有利于以绿色植物为主体的再生资源的研究。特别是随着精细农业的发展,遥感将进一步为农情监测、作物长势诊断、作物估产、病虫害监测等提供技术支持。

1. 农作物生长状态监测

植物在生长发育的不同阶段,其内部成分、结构和外部形态特征等都会存在一系列周期性的变化。植被的这种周期性变化从植物细胞的微观结构到植物群体的宏观结构上均有表现,必然导致单个植物或植物群体物理光学特征的周期性变化,也就是植物对于各电磁波谱的辐射和反射特征。由于遥感具有周期性获取目标电磁波谱信息的特点,故可以用它来监测农作物长势的动态变化。作物生长状态监测主要是通过植被指数、地面温度、土壤水分、作物氮营养素状况监测等实现的。研究表明,应用归一化植被指数和叶面积指数的相关性,并考虑地面监测与农学模型,可以实现作物长势的监测。长势监测模型根据功能可以分为评估模型和诊断模型。

例如,气象卫星应用于农作物生长状态监测,主要是通过植被指数提取实现的。由于在典型绿色植物反射光谱曲线上,蓝色光区和红色光区各有一个叶绿素吸收带(吸收中心在 400 nm 和 650 nm),在近红外区则有一个强反射峰。植被对可见光和近红外辐射的吸收-反射作用的两种截然不同的表现是由色素及细胞内部机构差异造成的。改进型甚高分辨率辐射计观测通道的设置非常有利于捕捉这种差异:第一波段 CH1($0.58\sim0.68\ \mu m$)处在叶绿素的吸收带,第二波段 CH2($0.72\sim1.1\ \mu m$)则位于绿色植物的反射区。因此,这两个波段的组合常被有效地用于作物长势监测。通常应用这两个波段计算归一化植被指数。

高光谱遥感技术在农作物种类的精确识别、高精度成像、作物形态及化学组分测定等方面具有强大的信息获取能力,是获取、分析和处理农情信息及促进农业可持续发展最有力的工具。要区分不同的植被,并监测其生长状况,光谱分辨率为 10～20 nm 的高光谱数据具有很大的优越性。高光谱遥感在植被信息反演深度和广度方面的改进主要体现在两个方面：① 超多波段的高光谱数据能够比较真实、全面地反映自然界中各种植被所固有的光谱特征及其差异,从而可以大大提高植被遥感分类的精细程度和准确性,也为利用光谱反射率诊断作物水肥状况成为可能;② 高光谱分辨率的植被图像将对传统的植被指数运算予以改进,提高了植被指数所能反演的信息量,使人们可以更精确地获取一些诸如叶绿素浓度、叶绿素密度、叶面积指数、生物量、光合作用有效吸收系数等植被生物物理参量,并且可以利用高光谱数据提取一些生物化学成分的含量,如木质素、全氮、全磷、全钾等,如此能更精准地监测农作物生长状态。

2. 农作物估产方面

作物产量是一个国家或地区的重要经济信息,收获前的准确估产有助于国家制定合理的粮食收购政策及进出口价格,有利于制订收获、运输和存储计划。最初,是用农学方法抽样估产,后来又用统计和气象模式进行宏观估产,但这两种估产方法受人为因素影响较大,准确率很难提高。通过卫星遥感,对地面上每一个像元都能获得一套数据。对各像元数据进行有效分析,可了解这一地区土壤、地形、地下水和排水等条件,气象条件,作物种类和品种,当地农业措施和水平等,进而通过已建数学模型计算作物产量。由于卫星遥感估产考虑了每个像元的情况和各种环境条件的影响,明显提高了预测精度。利用卫星进行某一作物的生态分区,收集每一生态分区内历年该作物产量及有关气象资料,建立产量模式,同时进行与卫星同步的高空、低空和地面光谱观测,然后根据卫星图像所提供的信息进行某一作物产量估测。

1989—1995 年,我国应用遥感技术先后进行了黄淮海平原小麦遥感估产、京津冀地区小麦遥感估产、南方稻区水稻估产、华北六省估产、黑龙江省大豆及春小麦遥感估产、棉花估产等研究。自 1996 年起黄淮海平原冬小麦长势监测及产量估测转为业务化试验运行阶段,这一工作的开展为全国作物长势监测和估产积累了经验和打下了技术基础。1999 年,在全国农业资源区划办公室的直接领导下,成立了农业部农业遥感应用中心,开展了全国冬小麦估产的业务化运行工作,取得了较好的效果,实现了全国冬小麦估产的业务化运行目标,并正在开展全国性玉米、水稻、棉花等大宗作物遥感估产的业务化运行工作。

遥感作为一种对地信息的探测手段用于作物产量监测,其本质过程仍然是遥感信息作为输入变量或参数,直接或间接表达作物产量形成过程中的影响因素,单独或与其他非遥感信息相结合,依据一定的原理和方法构建产量模型。

3.农作物病虫害监测与预报

目前,我国在作物病虫害监测预报方面主要还是依靠植保人员的田间调查、田间抽样等方式。这些传统方法虽然真实性和可靠性较高,但耗时、费力,且存在代表性差、时效性差和主观性强等弊端,已难以适应目前大范围的病虫害实时监测和预报的需求。遥感技术是目前唯一能够在大范围内快速获取空间连续地表信息的手段,其在作物估产、品质预报、病虫害监测等多个方面有着不同程度的研究和应用。这些应用在很大程度上改变了传统的作业和管理模式,极大地推动着农业朝优质、高效、生态、安全及现代化、信息化的方向发展。目前,随着精密制造技术和测控技术的发展,各类机载、星载的遥感数据源不断增多,为各级用户提供了多种时间、空间和光谱分辨率的遥感信息。而这些技术和数据的涌现为作物病虫害监测提供了宝贵的契机,使更准确、快速地了解作物病虫害发生发展的状况成为可能。

作物病虫害遥感监测主要依赖于作物受不同胁迫影响后发生的光谱响应。作物在受到病虫侵染后,色素系统常遭到破坏,产生病斑、伤斑,导致可见光波长范围的反射率改变。当侵染加重后,会进一步引起植株的整体性损伤,如细胞破裂、植株萎蔫等,进而引起近红外、短波红外波段的反射率改变,以及一些对植被健康状况敏感的特征变化,如红边蓝移。近年来,基于叶片或冠层光谱分析进行植物病虫害诊断和监测的研究不断增多。国内外学者通过试验观测和光谱分析筛选出小麦条锈病、白粉病、赤霉病、全蚀病、蚜虫、水稻稻瘟病、稻纵卷叶螟、稻干尖线虫病、水稻胡麻斑病、番茄晚疫病、芹菜菌核病等病害类型的光谱敏感波段及适合于病害探测的光谱特征。由于病害的光谱信息相对其他类型胁迫强度较弱,多种数理统计方法和数据挖掘方法被用于病情严重度反演和病害光谱诊断模型的构建,如主分量分析、神经网络、支持向量机、光谱角度制图、连续小波分析、光谱调谐匹配滤波技术等。在确立某种类型病虫害的光谱响应特征后,基于航片及卫星图像数据将这种关系扩展至地块、区域等较大的空间尺度。得益于高光谱遥感丰富的波段信息和对各种精细光谱分析的支持,国内外学者利用高分辨率的航拍高光谱图像在病害监测方面能够取得较高的精度,目前已对小麦条锈病、番茄晚疫病、柑橘黄龙病等多种病害进行研究,监测制图精度可高达 90% 及以上。然而,受限于现阶段高光谱图像获取高昂的仪器成本,研究人员已试图采用多光谱的航拍和高分辨率卫星图像进行病害制图。

　　遥感信息除具有病害监测潜力外,在病害预警方面也有很大潜力,近年来部分学者通过遥感信息反映区域生境状况,将其作为一种辅助信息,配合气象信息对病害发生适宜性进行综合预测。遥感反演的地表温度、土壤、植被水分等参数能够在一定程度上反映作物生境状况,进而与气象背景场信息相结合预测发病概率,提高了病虫害预测能力。近年来,在病虫害遥感监测与预警方面有两个重要趋势:一个是对遥感信息的利用程度不断深入,这主要体现在如何结合多波段、多时相和多模式(主被动遥感、荧光遥感和微波遥感)遥感观测对病虫害进行高专一性的识别和区分,对一些非病虫害性胁迫因素进行排除,这一工作已取得一些初期的进展,但仍有待于不断深入;另一个是将遥感信息和非遥感信息(气象信息、无线传感信息、植保信息、农情统计信息)进行整合,解决病害监测、预测过程中的信息不对称问题。

　　当前、遥感技术在国民经济各部门的应用非常普遍,遥感技术自身的发展也相当快。在实际应用中,遥感技术在农业领域的应用已经成为现代空间信息技术的代表,遥感技术的应用与 GPS、GIS、数字图像处理系统和专家系统密不可分。因此需要紧密跟踪其发展前沿,及时引入先进实用的方法,不断挖掘遥感技术在农业生产实践中的应用潜力,提高其在农业资源调查及动态监测、作物遥感估产、灾情监测与预报等方面的应用水平。

二、林业遥感

1. 植被动态变化制图

　　应用遥感图像进行植被分类制图,尤其是大范围的植被制图,是一种非常有效而且节约大量人力、物力的工作,已被广泛采用。在我国内蒙古草场资源遥感调查、"三北"防护林遥感调查和水土流失遥感调查、洪湖水生植被调查、洞庭湖芦苇资源调查、天山博斯腾湖水生植物调查、新疆塔里木河流域胡杨林调查、华东地区植被类型制图、南方山地综合调查等许多研究中,都充分利用了遥感图像,其制图精度超过了传统方法。此外,在湖北的神农架地区及湖北、四川部分地区的大熊猫栖息地的调查中,利用遥感图像把大熊猫的主要食用植物箭竹与其他植物区别开,从而为圈定大熊猫的栖息地起到了重要作用。

　　随着全球生态环境的恶化,植物遥感从主要了解局地植物状况和类型,到围绕全球生态环境而进行大尺度(洲际或全球)植被的动态监测及植被与气候环境的关系研究。在全球土地覆盖类型研究中,考虑南北半球的差异,即南半球的 1 月约相当于北半球的 7 月,在数据采集上,将南半球数据移动 6 个月。经数据预处理后,对全球归一化植被指数做集群分类,土地覆盖类型包括热带雨林、热带大草原、落叶林、常绿阔叶林、季风雨林、热带草原、草原、地中海灌木、常绿针叶林、阔叶林地、灌木和仅有旱生植被的干草原(半干旱)、苔原冻土冰区、沙漠。然后做全球土地覆盖类型图和各类别归一化植被指数的季节变化曲线,以进行全球土地覆盖类型的动态监测。

我国不少学者也用 NOAA 卫星和风云一号卫星的归一化植被指数做全国植被或土地覆盖类型图,进行全国植被生态环境动态监测,以反映植被或土地覆盖的年、季、月动态变化及地域气候界线。由于用 3 条轨道的 NOAA 卫星的改进型甚高分辨率辐射计数据方可覆盖全国,而气象卫星轨道每天东移 6°,3 条轨道的时间约 6 h,因此多轨拼接存在着一系列的技术问题,如太阳高度角的校正、目标反射辐射值的归一化处理、投影变换等。

一般先计算每天的归一化植被指数值,将每个像元 10 天中的归一化植被指数最大值作为该像元的"旬"归一化植被指数值,再由一个月中的上、中、下旬归一化植被指数生成每月的全国植被指数图,反映植被及生态环境的动态变化。

2. 城市绿化调查和生态环境评价

改善城市的生态环境、提高城市绿化水平是我国城市生态建设的重要问题。近 20 年来,我国应用高分辨率遥感图像进行城市绿化调查已取得了显著的成效。我国的几个主要特大型城市都进行过这方面的工作,北京市 8301 工程、上海市的三轮遥感综合调查,以及广州市、天津市、桂林市都应用航空遥感图像做出了城市绿地分布、绿地类型等图件,进行定量研究。上海市在第二轮航空遥感综合调查中,通过遥感图像解译与野外实测相结合找出了遥感图像特征与植株高度、胸径的关系,提出"三维绿化指数"或"绿量"指标,以代替原先的"绿化覆盖率"指标来评价城市绿化水平。研究指出,相同面积的草地、灌木和乔木具有相同的"绿化覆盖率",但具有不同的"绿量"。其中,乔木具有最高的"绿",而草地的"绿量"最小,同样面积的乔木制氧和净化空气的效率为草地的 4～5 倍。要提高城市绿化水平,不仅要提高绿化覆盖率,更重要的是要提高"三维绿化指数"。也就是说,提高绿化的质量对改善城市生态建设和管理的理论和实践都有重要的指导意义。

3. 林业资源调查

林业部门是我国采用遥感技术进行资源调查最早的部门之一,在我国的各大林业都应用过遥感图像制作森林图、宜林地分布图等,并对林地的面积变化进行动态监测。利用遥感技术进行森林资源调查和经营管理经历了几个阶段:20 世纪 20 年代开始试用航空目视调查;30—40 年代利用航片进行森林区划和成图,结合地面进行森林资源勘测;50 年代中发展了利用航片的分层抽样调查;60—70 年代,由于引进大量新的设备和先进的技术,如彩色红外摄影、多光谱摄影、光学增强技术、计算机技术等,已形成多阶抽样体系。目前,遥感技术在林业工作中主要用于森林资源的调查和动态监测,以及森林经营管理。

林业资源分布广,经营面积辽阔,属于再生性生物资源。应用遥感技术可编制大面积的森林分布图、测量林地面积、调查森林蓄积和其他野生资源的数量、对宜林荒山荒地进行立地条件调查,以及绘制林地立体图、土地利用现状图和土地潜力图等,从而测算各类土地面积,进行土地评价。通过对森林变化的动态监测,可以及时对林业生产的各个环节——采种、育苗、造林、采伐、更新、林产品运输等工作起指导作用。

在"七五"和"八五"期间,我国已成功地利用陆地卫星数据对"三北"防护林地区进行了全面的遥感综合调查,并对其植被的动态变化及其产生的生态效益做了综合评价,为国家制订长远的发展计划奠定了科学的基础。1987—1990 年开展的"三北"防护林遥感综合调查是重点科技攻关项目,对横贯我国东北、华北和西北已建的防护林网的分布、面积、保存率和有效性进行了评估。在调查研究中对陆地卫星专题制图仪图像、国土卫星图像和试点区的航空遥感图像进行解译,制作了林地分布、立体条件、土地利用、土地类型等多种专题图,典型地区建立了资源与环境信息系统。结果表明,我国"三北"防护林建设取得了重大成就,"三北"地区森林覆盖率由 1977 年的 5.05% 提高到 2007 年的 10.51%,使农田生态环境得到部分改善。通过调查还对防护树种的结构问题提出了改进的建议。这项调查的结果,为我国"三北"防护林建设的科学决策提供了依据,有效地促进了遥感的实用化。

现在,遥感技术已成为获取森林资源信息的重要手段,相信随着遥感技术的不断完善,它将给林业的生产和管理带来划时代的革命。

第五节　地 质 应 用

地质遥感是地质学分支学科,又称遥感地质,是综合应用现代遥感技术研究地质规律、进行地质调查和资源勘察的一种方法。地质遥感的任务是通过遥感图像的解译确定一个地区的岩石性质和地质构造,分析构造运动的状况,为地质制图、矿产资源调查、工程地质和水文地质调查等服务。其中,岩性和地质构造的识别是遥感地质解译的基础,其他地质解译都是在这两者的基础上进行的。

一、地质遥感原理

1. 岩性的识别

识别遥感图像上的类型必须首先了解不同岩石的反射光谱差别,以及所引起的图像色调的差异。同时,由于岩石的形成,在内、外营力的共同作用下,组合成了不同形状,这也是识别岩石类型的重要标志。此外,不同岩性往往形成不同的植被、水系,这也可作为间接的解译标志。

（1）岩石的反射光谱特征

岩石的反射光谱特征与岩石本身的矿物成分和颜色密切相关。以石英等浅色矿物为主组成的岩石具有较高的光谱反射率,在可见光遥感图像上表现为浅色调;铁镁质等深色矿物组成的岩石,总体反射率较低,在图像上表现为深色调。例如,酸性岩类的花岗岩,主要含石英、钾长石等浅色矿物,总体反射率较高;属于基性岩类的玄武岩和橄榄玄武岩,含有大量的铁镁质暗色矿物,在岩浆岩中反射率最低。总之,岩浆岩中随着二氧化硅含量的减少和暗色物质含量的增高,岩石的颜色由浅变深,光谱反射率也随之降低。图 6-4 与图 6-5 所示为石英与玄武岩的光谱反射率。

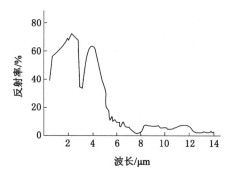

图 6-4　石英的光谱反射率

岩石光谱反射率受组成岩石的矿物颗粒大小和表面糙度的影响。矿物颗粒较细、表面比较平滑的岩石,具有较高的反射率;反之,光谱反射率较低。岩石表面湿度对反射率也有影响。一般来说,岩石表面较湿时,颜色变深,反射率降低。

岩石表面风化程度主要取决于风化物的成分、颗粒大小等因素。风化物

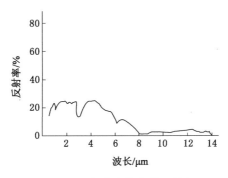

图 6-5　玄武岩的光谱反射率

颗粒细时,覆盖面的岩石表面较平滑,则反射率较高;风化物颗粒粗时,则表面粗糙,会降低反射率。例如,红砂岩在干燥情况下,反射率总体高于潮湿时。由于风化物为三氧化镁钙,干燥时色调比较浅,反射率高于岩石的新鲜面。在通常情况下,完整的岩石表面比破碎的岩石表面反射率要高些。在野外,岩石的自然露头往往有土壤和植被覆盖,这些覆盖物对光谱的影响取决于覆盖程度和特征。如果岩石全部被植物覆盖,遥感图像上显示的均为植被信息;如果部分被植物覆盖,则在遥感图像上显示综合光谱特征。了解这一综合特征,对于岩性的解译是很有用的。

（2）沉积岩的图像特征及其识别

沉积岩本身没有特殊的反射光谱特征,因此单凭光谱特征及其表现,在遥感图像中是较难将它与岩浆岩、变质岩区分开的,还必须结合其空间特征及出露条件,如所形成的地貌、水系特征等,将其与其他岩类区分开。

沉积岩最大的特征是具有成层性。胶结良好的沉积岩,出露充分时,可在较大范围内呈条带状延伸,在高分辨率的遥感图像上可以显示岩性的走向和倾向。坚硬的沉积岩,常形成与岩层走向一致的山脊,而松软的沉积岩则形成条带状谷地。沉积岩由于其抗蚀程度的差异和产状的不同,常形成不同的地貌特征。坚硬的沉积岩如石英砂岩等常形成正地形;较松软的泥岩和页岩常形成负地形;水平的、坚硬的沉积岩常形成方山地形、台地地形或长垣状地形;倾斜的、软硬相间的沉积岩常形成沿走向排列的单面山或猪背山,并与谷地相间排列。

（3）岩浆岩的图像特征及其识别

岩浆岩与沉积岩在遥感图像上的形状结构有明显的差别。岩浆岩呈团块状和短的脉状。对岩浆岩的解译,首先要注意区分酸性岩、基性岩和中性岩。

酸性岩浆岩以花岗岩为代表。花岗岩在图像上的色调较浅,易于与周围岩石区别开,平面形态呈圆形、椭圆形和多边形,所形成的地形主要有两类:一类是悬崖峭壁山地,另一类是馒头山状山体和浑圆状丘陵。前者水系受地质构造控制,后者水系多呈树枝状,沟谷源头常见钳沟头。

基性岩的色调最深,大多侵入岩体,容易风化剥蚀成负地形。喷出的基性玄武岩则比较坚硬,经切割侵蚀形成山地和台地。雷州半岛、海南岛等地有大片玄武岩覆盖,台地上水系不发育。遥感图像上,大片暗色色调背景上呈花斑状色块,周围边界清晰。

中性岩的色调介于酸性岩和基性岩之间,大片喷出岩如安山岩类在我国东部地区构成山脉的主体。岩体常被区域性裂缝分割成棱角清楚的山岭和 V 形河谷,水系密度中等。中性的侵入岩体常呈环状负地形。

新近喷发形成的火山岩比较容易识别,无论是火山碎屑岩或火山熔岩,都与新近火山活动相联系。火山熔岩从火山口流出,沿着低洼的谷地流动,在高分辨率的遥感图像上还可以看到熔岩流"绳状"或"蠕虫状"表面,在低分辨率图像上一般显示暗色色调,并且火山口地形也可作为识别标志。火山碎屑岩与相应的沉积岩类似,分布在火山锥附近,火山锥在图像上容易被识别。

(4) 变质岩的识别

由岩浆岩变质形成的正变质岩和由沉积岩变质形成的负变质岩,都保持了原始岩类的特征,因而遥感图像也分别与原始母岩的特征相似。只是由于经受过变质,故图像特征更复杂。

石英岩由砂岩变质而成,经过变质作用后,二氧化硅矿物更为集中,色调变浅,强度增大,多形成轮廓清晰的岭脊和陡壁。大理岩与石灰岩相似,也可以形成喀斯特地貌。千枚岩和板岩的图像特征与细砂岩、页岩相似,易于风化,多呈低谷、岗地或负地形,地面水系发育。

片岩、片麻岩等变质岩的图像特征与岩浆中的侵入岩相似,在高分辨率遥感图像上有时可识别出深色矿物和浅色矿物等几种不同色调带扭曲的情况。

变质岩的地质时代比较古老,经历了强烈的地壳运动,区域裂隙发育的水系交汇、弯处也不太自然,常呈之字形,这一点可作为与岩浆岩区别的标志之一。

2. 地质构造的识别

遥感对地质构造的识别有特殊的意义,在对大型区域性地质构造进行地面调查时,测点不可能过密,因而不能窥其全貌。而遥感图像从几百米、几千米的空中或几百千米的空间获取的信息,有利于从客观上把握区域构造总体特征。岩石出露条件好时,还可从高分辨率遥感图像上获得其产状要素,特别是人迹罕至的地区,更显重要。

从遥感图像上识别地质构造主要有三方面的内容:识别构造类型,有条件时测量其产状要素,判断构造运动的性质。

(1)水平岩层的识别

在低分辨率的遥感图像上不容易发现水平岩层的产状,这是由于水平岩层遭受侵蚀后,往往由较硬的岩层形成保护层,且形成陡坡,保护了下部较软的岩层。在高分辨率遥感图像上可发现水平岩层经切割形成的地貌,并可见硬岩的陡坡与软岩形成的缓坡呈同心圆状分布。硬岩的陡坡具有较深的阴影,而软岩的色调较浅。

(2)倾斜岩层的识别

在低分辨率遥感图像上,可根据顺向坡坡长较长、逆向坡坡长较短的特征识别岩层的倾向。当顺向坡的坡长和逆向坡的坡长相等时,可以确定岩层倾角在 45°左右,倾向则不易确定。倾斜岩层经过沟谷的切割,在高分辨率遥感图像上常出现岩层三角面,这时根据岩层出露的形态及其与地形的关系可确定岩层的产状。

(3)褶皱及其类型的识别

在遥感图像上,褶皱的发现及其类型的确定建立在对岩性和岩层产状要素识别的基础上,在进行图像分析时,应注意不同分辨率遥感图像的综合应用,即先在较低分辨率的图像上进行总体识别,确定褶皱的存在,特别是一些规模较大褶皱的确定,然后对其关键部位采用高分辨率图像进行详细的识别,确定褶皱的类型。

褶皱构造由一系列的岩层构成,这些岩层构造的软硬程度有差别,硬岩呈正地形,软岩呈谷地,因此在遥感图像上会形成不同的色带。为发现褶皱构造,首先要确定这些不同色调的平行色带,选择在图像上显示最稳定、延续性最好的作为标志层。标志层的色带呈闭合的圆形、椭圆形、橄榄形、长条形或马蹄形等,是确定褶皱的重要标志。在中低分辨率图像上能反映大的褶皱,而在高分辨率遥感图像上,不仅能发现较小规模的褶皱,而且可以确定其岩体层的分布层序是否对称重复及具体的产状要素。这是确定褶皱存在的重要证据,特别是在高分辨率遥感图像上观察标志层在转折端的形态,有助于识别褶皱的存在及褶皱的类型。

(4)断层及其类型的识别

通常,断层在没有疏松沉积物覆盖的情况下是一种线性构造,在遥感图像上表现为线性图像。它基本上有两种表现形式：一种是线性的色调异常，即线性的色调与两侧的岩层色调都明显不同；另一种是两种不同色调的分界面呈线状延伸。当然，具备这两个图像特征的地物不一定都是断层，如山脊、较小的河流、道路、渠道、堤坝、岩层的走向、岩层的界面等。因此，除这两个基本图像特征外，还必须对断层两侧的岩性、水系和整体地质构造进行研究，才能确定是否是断层，特别是在高分辨率的遥感图像上，可以通过对断层的鉴别确定断层。例如，断层的缺失和重复、走向不连续使两套岩层走向错断、斜交等，对于判断与岩层走向一致或角度相近的断层是重要标志。在具体确定是否存在断层时，必须把图像的基本特征与岩性及整个构造结合起来考虑。

（5）活动断裂的确定

在断裂性质的研究中，尤其应注意活动断裂的确定，因为它与人们的生活及国家建设最为密切。

活动断裂具备几个特征：山形、河谷的明显错位和变形；山形走向突然中断；山前现代或近代洪积扇错开；震中呈线性排列，活动频繁。需要指出的是，活动断裂往往具有继承性，它是在老断裂的基础上发展起来但同时又新生的断裂，应注意线性图像的清晰程度及相互的切割关系。在遥感图像上确定断裂的新老关系时，老断裂总是被新断裂切断。

二、构造运动分析

通过对遥感图像的解译，不仅能对岩性和地质构造做出判断，而且能对一个地区的近代和现代地壳运动特征做出分析，特别是新构造运动主要表现为升降运动，并会引起老断裂的复活和新断裂的产生。同时，它能在地貌、水系等特征上表现出来。

上升运动表现为地壳的抬升或掀升，前者为比较均匀的上升，后者为空间上的不均匀上升。在地貌上表现出山地的抬升及河流的切割，即山地切割深度与现代地壳上升的幅度成正比。在遥感图像上，河流的切割深度是可以识别的，从而可以求出地壳相对上升的幅度。地壳的下沉区在地貌上表现为负地形，如许多盆地，相对于周围山地来说都是相对的下沉区。两者接触地带往往有断裂的存在。此外，山地河谷出口处、冲积-洪积扇的分布也能反映升降运动的状况。山地上升时，冲积-洪积扇的堆积旺盛，颗粒较粗，表面坡度大，且扇体本身遭后期切割，在前端形成新的冲积-洪积扇。

在水系上，上升区表现为放射状水系，下降区则表现为汇聚状水系。不对称水系的存在反映了流域内的不对称升降运动。

三、地质遥感应用

蚀变岩石是在热液作用的影响下，矿物成分、化学成分、结构、构造等发生变化的岩石。由于它们常见于热液矿床的周围，因此被称为蚀变围岩，它是一种重要的找矿标志。遥感地质中，近矿围岩蚀变形成的蚀变岩石与其周围的正常岩石在矿物种类、结构、颜色等方面都有差异，这些差异导致了岩石反射光谱特征的差异，并且在某些特定的光谱波段形成了特定蚀变岩石的光谱异常。光谱异常为遥感图像的异常信息提取提供了理论依据。遥感找矿工作借用这一先进的技术进行靶区圈定，可减少找矿的盲目性。

数据源采用专题制图仪图像，采用 ENVI 软件对专题制图仪图像进行处理，主要包括图像预处理、主分量分析、有效成分选择、异常切割、蚀变信息处理等步骤。原始数据经过一系列的图像预处理，包括几何校正、大气校正、掩膜去背景等，再选择波段进行主分量分析，根据上述原则进行成分的选择；将选择的成分用异常切割标准处理，突出蚀变信息，并与已知的矿点资料进行叠合分析，验证提取的蚀变结果。

铁染蚀变和羟基蚀变存在于绝大多数的成矿岩体中，提取这两种蚀变信息基本可以确定研究区成矿岩石的分布情况。

第六节　其 他 应 用

一、遥感考古

遥感考古是一门体现遥感技术与传统考古学相互渗透、交叉和融合的新技术，能够快速、准确、全面地探明地上及地下遗址的分布状况，因此遥感考古越来越受到考古工作者的重视，并逐渐成为考古研究的重要手段。

遥感考古，从广义上说就是通过传感器探测和接收来自地表及地表以下考古遗迹的信息（如电场、磁场、力场、电磁波、地震波、声能等信息），经过信息的传输及处理分析，识别物体的属性及其分布等特征，因此传统的地球物理探测方法也属于遥感考古的范畴之内。

具体来讲，遥感考古是利用地面植被的生长和分布规律，如土壤类型、微地貌特征等物理属性及由此产生的电磁波谱特征差异，运用摄影机、摄像机、扫描仪、雷达等设备，从航天飞机、卫星等不同的遥感平台上获取有关古遗址的电磁波数据或图像等信息，对这些信息进行光学或计算机图像处理，使摄像的反差适合、特征明显、色彩丰富,再对图像的色调、图案、纹理及其时间变化与空间分布规律进行识别和解译,从而提供了古代遗迹的位置、形状、分布、构成、类型等情况,为考古发现提供科学的资料和数据。

人类在过去的生产、生活中,改变地表自然状态后形成了古代遗迹,虽然随着岁月的流逝逐渐荒废,有的成了农田,有的形成村镇,但这些遗迹全部为人工建成,与周围未经过人工扰动的自然环境存在着差异。这些差异能够通过地表水分条件、植被生长状况、土地利用方式、地貌结构和组合关系等以不同方式表现出来,遥感图像则能够通过不同波段、不同尺度记录和反映这些异常,为考古提供解译分析依据。在遥感图像上,可以通过目标物的形状、大小、色调、阴影、颜色、纹理、图形及相关地物的位置直接勾绘出遗址的整体形状及其分布特征,还可以根据一些遗留的护城河遗址进行水域条件的变化分析,反演古代人类的生活环境。对于地表难以直接解译的古遗址,可以通过间接标志进行解译分析,这些标志主要有土壤标志、植被标志、地质地貌标志等。

近年来,在进行野外考古调查中,配合应用遥感图像分析,发现了许多重大的历史遗迹,取得显著的成果。例如,英国遥感专家通过计算机增强的卫星图像,在英国伦敦以北约 30 km 的地下发现了罗马时代的古城堡遗迹。我国也曾利用遥感提供的信息,进行北京圆明园遗迹考察、长城遗迹考察及内蒙古金代古城的发现等,取得了很好的效果。遥感为野外考古调查带来了变革,成为考古工作者有力的工具和手段,促进和加快了野外考古工作。

二、气象遥感

与传统温、压、湿、风等常规观测手段不同,遥感不仅是一项涉及观测的技术,更是一门综合性探测的科学。遥感借助辐射测量技术,通过科学算法反演出能够准确反映大气、陆地和海洋状态的各种物理和生态参量。遥感技术在天气气候、大气监测、灾害监测等方面发挥了巨大作用,并已经在重大气象有关防灾减灾工作中得到验证。

① 在天气分析和气象预报中的作用。卫星(主要指气象卫星)资料促进了世界范围的大气、温度探测,使天气分析和气象预报工作更完全和更准确。在气象卫星云图上,可以根据云的大小、亮度、边界形状、纹理、水平结构、垂直结构等,识别各种云系的分布,从而推断出锋面、气旋、台风、冰雹、雷电等的存在和位置,对这种大尺度和中小尺度的天气现象进行定位、跟踪及预报。

② 应用于气候研究和气候变迁的研究。近年的研究表明,控制大气长期天气过程和气候变动的有几个因素,即太阳活动、大气圈的下垫面——地球表

面、海洋对大气的影响。以上这些因素都将引起整个地-气系统辐射信息的变化,而这方面的资料可以通过卫星遥感来获取。例如,气象卫星上有仪器可以直接取得二氧化碳等含量的数据,冰雹覆盖也可以通过云图的辐射信息获得。此外为研究世界气候和灾害性天气变化,还专门设计了地球辐射收支试验装置,用于测定整个地-气系统获得和损失的电磁辐射能量,这将给气候学研究带来很大的推动作用。

三、煤矿遥感

煤矿区是以煤炭资源开采、加工为主导产业发展起来的,是人口聚集在一起的特殊社区,是一种特定地理范围内的社会群体所在的区域。煤矿区遥感应用既具有与一般区域或城市应用相类似的共性之处,又具有明显的地域性和行业特色。遥感技术在煤矿区的应用主要包括以下几个方面。

1. 矿区地面塌陷监测与变形分析

地表变形是煤矿区面临的重要问题之一,包括在井工矿区地下开采引发地面塌陷、在露天矿区露天开采导致地面挖损和边坡形成。对地面塌陷、边坡工程和其他地表形态变化的监测一直是矿山安全生产和环境保护的重要方面,遥感技术在这方面可以发挥重要作用。

利用遥感图像首先可以识别与确定地面塌陷区和受开采损害的范围,统计开采影响的地面破坏面积与破坏区土地利用状况。通过目视解译可以人工识别塌陷区范围,通过人机交互和模型提取可以自动或半自动地确定地面塌陷区,通过塌陷区与遥感图像的复合可以定性和定量地分析受采矿影响的建筑物、水体等地面实体。但由于混合像元、提取方法等的限制,精度往往比较低。

2. 煤矿区土壤污染监测与分析

采矿使得矿区土壤的物理和化学性质受到不同程度的污染甚至毒害,影响土壤肥力和农作物种植。传统土壤特征测试方法往往会通过接触式测量进行,工作量大,采样效率低。应用遥感技术对矿区土壤污染进行监测与分析,可以提高监测效率。

应用遥感技术监测矿区土壤污染的最简单方法是直接通过遥感图像进行土壤污染区的定性识别与划分,但这种方法不能实现污染参数的定量分析。矿区土壤污染遥感定量分析可以采用间接分析法和直接分析法。间接分析法主要是通过植物的生长状态和参数来反推土壤污染状况,其理论依据在于土壤中污染元素往往会在作物生长状态中得到体现;直接分析法则是直接应用遥感数据反演土壤中污染元素的浓度和其他参数,特别是应用高光谱遥感信息可以定量反演污染元素含量与污染物浓度,从而实现对土地污染的监测与分析。

3. 煤矿区环境监测

煤矿区面临着严重的生态环境问题,如大气污染、水污染与水系破坏、资源浪费、地面沉陷与地质灾害、地表生态系统破坏与水土流失、生态系统紊乱,以及影响区域微气候及生化过程等,应用环境遥感方法,结合矿区特点,可以实现对煤矿区环境污染与生态破坏的监测与分析。

将遥感信息与其他辅助数据相结合,可以实现对矿区环境宏观、全面、多视角的分析,从而加强对矿区环境破坏和驱动机制的了解,为更好地保护矿区环境、实现区域可持续发展提供支持。

4. 煤炭资源勘探

煤炭资源是不可再生能源,加强矿产资源勘探、发现新的资源赋存区也是实现煤炭工业可持续发展、保障国家能源需求的重要方面。应用遥感技术进行矿产资源勘探的主要方法包括通过图像目视解译、提取矿产信息进行成矿预测和通过遥感地质综合分析找矿三种途径实现。

5. 矿区地形和专题制图

将遥感制图与矿区特点结合,进行矿区地形制图和各种专题地图制作,也是遥感矿区应用的重要方面。利用前面所述的几种方法,可以获取地面三维地形信息,实现对矿区地形图的制作和地形信息更新。以矿区地图为基础,结合遥感图像中提取的各种专题信息,可以进一步制作各种专题地图,服务于矿区资源环境分析与开发开采优化,提高决策的合理性。

6. 矿区演变监测

采矿工程的持续推进及其生态环境影响的滞后效应,都使得矿区空间扩展和区域陆面生态系统的演变成为一个持续的空间过程。随着国家对区域扩展、土地利用和土地覆盖变化等问题的重视,综合应用多时相遥感信息、实现煤矿区的动态监测,也是矿区遥感应用的重要方面,如应用多时相遥感图像进行矿区地面塌陷动态监测、矿区土地利用动态监测、煤矿用地空间扩展动态分析等。

7. 矿区综合信息采集

近年来,随着数字城市、数字化区域的建设,矿山和矿区也提出了数字矿山、数字矿区建设的目标,获取各种空间信息是建立数字矿山和数字矿区的基础,遥感可以应用于矿区空间和各种专题信息的采集,进而服务于矿区信息基础设施的建设。应用遥感获取地面三维信息的手段可以实现对地面空间信息的获取,利用遥感图像中丰富的地面信息可以快速、可靠地提取地面各种专题信息(如道路、建筑物、植被、水体、村庄等),从而实现矿区各种数据库和信息系统的建设,为数字矿山、数字矿区的建设提供支持。

总之,遥感技术在煤矿区的应用已体现出了明显的优越性,成为数字矿山与矿山空间信息工程的重要支撑技术。随着今后遥感在空间分辨率、光谱分辨率和时间分辨率等方面的改进和提高,遥感技术将为煤矿区生态环境保护、资源优化开发、区域可持续发展等提供更有力的支持。

四、海洋遥感

在海洋学方面,气象卫星资料的应用领域非常广,根据连续的气象卫星红外云图和可见光云图,可以从光谱和温度信息中区分不同光谱、不同温度的水团和水流的位置、范围、界线、运移情况,并推算出其运移速度,从而了解水团和涡旋的分布及洋流的变动等。在航海事业中,了解洋流变动是十分重要的,它不仅能确保航海安全,还可以节省燃料。海冰的研究也是许多国家关注的问题,在海冰区航行时,即使有破冰船也得尽量选择冰裂缝或薄弱地带,利用卫星云图就可实时选择航线。

从气象卫星红外云图上监测海冰和陆上冰雪区,一个突出的问题是正确而迅速地把雪与云层区分开。由于气象卫星每天定时对地表上任何地点进行重复摄影或扫描,而云层是每天变化的,所以一般采用连续几天的图像进行对比来识别。

气象卫星对观测海流也是非常有效的,其实质是研究海洋表面温度分布状况。利用 NOAA 卫星的红外云图,加上水流订正,可测海面温度,绘制大范围的海面温度图,精度可达 1 ℃。

此外,遥感在海洋资源的开发与利用、海洋环境污染监测、海岸带和海岛调查、渔业等方面也已取得了成功的应用。

海面反射、散射或自发辐射的各个波段的电磁波携带着海面温度、海面高度、海面粗糙度及海水所含各种物质浓度等信息。由于传感器能够测量各个不同波段的海面反射、散射或自发辐射的电磁辐射能量,故通过对携带信息的电磁辐射能量的分析,人们可以直接或间接反演某些海洋物理量,如海水温度、叶绿素溶度、海面高度等。通过对这些海洋要素的分析及其与鱼类行为、渔业资源关系的理解,可以利用这些反演的海洋环境要素来评估海洋渔业资源、预测海洋渔场的变动,以达到对海洋资源进行合理的开发利用、管理与保护。

卫星遥感技术能够实现对海水表面生物(叶绿素、荧光、初级生产力)和非生物信息(流、涡、水温、风、波浪、海面高度、透明度等)连续的、大范围的、快速的、同步的采集,通过这些信息可以对海洋生态资源量和生态环境进行评估。

五、公共卫生遥感

近年来,利用遥感对公共卫生领域的专题特别是流行病和传染病的发生、扩散进行分析受到了遥感研究人员的重视,并成为遥感领域一个新的热门研究方向。例如,血吸虫病流行于全世界 76 个国家,是严重危害人类健康的寄生虫病。刘臻等总结了遥感监测血吸虫病流行要素的方法,通过分析血吸虫病流行的自然环境要素和人文社会要素,发现自然环境要素既包括钉螺生长的自然条件,也包括血吸虫病流行与传播中各个环节所依赖的自然环境因素,主要有气候(如降雨、气温、湿度等)、土壤、植被及其他土地利用和土地覆盖信息等;而人文社会要素很多时候可以通过人类作用于环境的结果及与人类活动密切相关的土地利用信息来反映,主要包括居民点的分布、人造沟渠的分布、农作物类型的空间分布等。所有这些要素除了气候和土壤外,主要为土地利用和土地覆盖类型的信息,因此遥感成为监测血吸虫病流行要素的重要手段和技术。目前遥感监测血吸虫病的研究具有以下特点:

① 遥感分类主要使用一些传统的分类方法,较多的是聚类和最大似然分类法,遥感监测的要素较为单一,分类精度也比较低。

② 遥感监测应用主要局限于钉螺寄生环境的分类和提取,而没有结合血吸虫病流行的特征系统建立血吸虫病流行监测的地理环境要素体系。

③ 使用的遥感图像数据主要是 NOAA 卫星图像和专题制图仪数据,缺少高分辨率遥感数据的应用,尤其是缺少高分辨率遥感数据在局部重点区域的应用研究。

遥感技术将是监测各种流行病和传染病发生及扩散的地理环境因子、辅助分析其规律、建立预测与控制模型的有效技术支持。

六、保险遥感

随着社会的进步,人们也越来越重视人身、财产和资源等更多险种的保险,特别是在自然灾害方面的投保意识逐渐增强。然而,提供自然灾害信息的卫星、无人机等遥感数据能加速现场调查的过程,特别是在农、林业领域可帮助巡查员采用更有效的观察方式。

目前,中国已经成为仅次于美国的世界第二大农业保险市场,农业保险在推动农业发展过程中发挥了积极作用。农业保险补偿已成为农民灾后恢复生产和灾区重建的重要资金来源。"3S"技术等可以为农业保险承保、理赔等各个环节提供技术支持。在承保阶段,可为承保标的信息化管理、风险评估和费率厘定提供数据和平台支撑,解决信息不对称问题,提升农业保险业务的空间风险分析和管控能力。在理赔阶段,主要有三个方面的应用:一是进行灾情总体评估,从宏观上了解灾害的总体损失情况及空间分布,解决因信息不对称而造成的报损不准问题;二是指挥调度查勘理赔力量,根据遥感图像反映的灾害损失情况,可根据灾情严重程度,按照严重受灾地区、中度受灾地区和轻度受灾地区分类,科学合理地配置查勘定损力量,及时奔赴受损地区实地进行抽样查勘定损,目的明确,安排合理,并节省查勘时间和人力物力,可提高理赔效率,降低运营成本;三是为政府部门和农户提供规避和减轻灾害风险的建议,基于遥感图像进行灾害损失评估,及时科学地向政府和客户汇报和介绍灾害损失情况,说服力强,有利于政府和农户及时采取防灾防损和恢复措施,从而减少损失,达到共赢的结果。同时,也可以防止因政府和农户缺乏有效、准确信息而造成灾情被夸大(或缩小),解决双方对灾情认识不统一的问题。

例如,为解决农业保险经营过程中面临的信息不对称、理赔成本和效率等难题,中国人保财险以遥感技术为核心,以 GIS 为平台,以 GPS 为辅助,建立无人机航空遥感、卫星遥感和地面调查相结合的天空地一体化保险立体服务体系,实现"按图承保"和"按图理赔"等;山东省保险公司委托山东资源与环境学会组织山东资源与环境研究中心、山东省气象科学研究所,开展"保险棉田雹灾损失遥感监测系统"的研究,经 1990 年 6 月 23 日在山东德州地区的武城、平原和陵县雹灾损失区的监测运行,取得了显著的效果。

遥感在林业方面的保险应用也较广泛。例如,2011 年 5 月 16—22 日,中国人保财险选取风灾严重的万宁市东兴农场为试点,开展了国内保险业第一次大面积的林业调查工作,针对橡胶林共计获取了 0.1 m 分辨率的无人机遥感图像 250 km²;2011 年 10 月 17—22 日,选取受"纳沙"台风影响严重的海南省澄迈县红光农场为试点,针对橡胶林开展灾后无人机遥感工作,共计获取了 0.1 m 分辨率的无人机遥感图像 277.5 km²,并开展了将遥感图像用于林业定损的工作。同时,卫星遥感技术也较多地应用于森林火灾、森林虫害等方面的损失评估与保险理赔等。

七、军事遥感

遥感技术本身就起源于军事应用,长期以来,遥感技术在军事上应用的先进性和广泛性远远超过民用。军事上使用的某些信息获取、数据处理和图像识别技术,由于保密的原因而被限制在军事领域中应用,只有在军事上快被淘汰时才转向民用。遥感图像在军事上主要用于军事情报侦察、目标定位和识别、地形分析、军事制图、作战任务规划和指挥控制、军事目标打击效果评估、重要目标动态监测、精确打击武器的末端图像匹配等。

遥感图像用于军事目标的侦察与监测已有 80 余年的历史,早期的航空摄影及高空无人侦察机照相侦察是最初的尝试。20 世纪 60 年代初,世界军事强国出于军事和政治的需要,大力发展空间遥感技术,侦察与监视卫星是军事航天的一个发展重点。据统计,截至目前在全世界发射的遥感成像卫星中,约 70％的卫星用于军事侦察和监视。在遥感军事应用中,其最大的特点是将遥感图像、GPS 导航定位技术与军事地理信息系统结合起来,使其在作战中发挥更大的效能。例如,英国国家遥感中心应用 SPOT 图像与军事地理信息系统结合,模拟三维地形,对飞行员进行模拟训练,取得了较好的训练效果。又如,在海湾战争和伊拉克战争中美军利用最新遥感图像与军事地理信息系统技术结合,提高战场空间环境的分析能力与敌方目标的识别和定位能力,取得了较好的作战效果。军事应用是遥感最早、最成功的应用,今天遥感的发展是得益于遥感在军事上的成功应用而迅速发展起来的。目前,发射的绕地球运行的卫星绝大部分是与军事有关的。当今战争的胜负,不仅取决于军事实力(人力、武器),准确可靠的信息获取、传输和决策对战争的胜负也起着关键性的作用。英国和阿根廷的马岛战争、中东战争及海湾战争都充分证实了遥感在军事战争中起到的至关重要的作用。

参 考 文 献

［1］ 龚绍琦,张茜茹,王少峰,等.地表温度遥感中大气平均作用温度估算模型研究［J］.遥感技术与应用,2015,30(6):1113-1121.

［2］ 胡绍凯,赫晓慧,田智慧.基于 MLUM-Net 的高分遥感影像土地利用多分类方法［J］.计算机科学,2023,50(5):161-169.

［3］ 黄佩,普军伟,赵巧巧,等.植被遥感信息提取方法研究进展及发展趋势［J］.自然资源遥感,2022(2):10-19.

［4］ 李恒凯.遥感专题信息处理与分析［M］.北京:冶金工业出版社,2020.

［5］ 李恒凯,雷军,吴娇.基于多源时序 NDVI 的稀土矿区土地毁损与恢复过程分析［J］.农业工程学报,2018,34(1):232-240.

［6］ 李恒凯,李芹,王秀丽.基于 QuickBird 影像的离子型稀土矿区土地利用及景观格局分析［J］.稀土,2019,40(5):73-83.

［7］ 李恒凯,阮永俭,杨柳.离子稀土矿区地表扰动温度分异效应分析:以岭北矿区为例［J］.稀土,2017,38(1):134-142.

［8］ 李恒凯,吴立新,熊云飞,等.基于 RUSLE 模型的离子稀土矿区土壤侵蚀时空演变分析:以岭北矿区为例［J］.稀土,2016,37(4):35-44.

［9］ 李恒凯,熊云飞,吴立新.面向对象的离子吸附型稀土矿开采高分遥感影像识别方法［J］.稀土,2017,38(4):38-49.

［10］ 李芹,李恒凯,杨柳,等.离子稀土开采扰动下的矿区荒漠化遥感监测分析:以岭北矿区为例［J］.有色金属科学与工程,2017,8(3):114-120.

［11］ 李艳忠,庄稼成,白鹏,等.中国不同气候区多源遥感降水融合与性能综合评估［J］.地理研究,2022,41(12):3335-3351.

［12］ 刘代志,黄世奇,王艺婷,刘志刚,王百合.高光谱遥感图像处理与应用［M］.北京:科学出版社,2016.

［13］ 刘巧玲.无人机遥感技术在水土保持监测中的应用［J］.山东水利,2022

（2）：72-73.

［14］鲁志强，王蕴慧，孟祥妹.遥感原理与图像处理实验教程［M］.哈尔滨:哈尔滨工业大学出版社，2020.

［15］阮永俭，邱玉宝，李恒凯，等.近26年赣州地区陆表环境遥感与变化分析［J］.遥感信息，2016,31（6）：110-120.

［16］邵振峰.城市遥感［M］.武汉:武汉大学出版社，2009.

［17］申佩佩，廖佳，井发明，等.一种多源遥感影像变化检测方法:CN110334581A［P］.2019-10-15.

［18］石翠萍.光学遥感图像压缩方法及应用［M］.哈尔滨:哈尔滨工业大学出版社，2021.

［19］王成，习晓环，杨学博.激光雷达遥感导论［M］.北京:高等教育出版社，2022.

［20］王凤华，王英强.空间遥感图像预处理技术［M］.北京:国防工业出版社，2020.

［21］王力哲，刘鹏，程青.遥感数据质量提升理论与方法［M］.北京:科学出版社，2022.

［22］吴娇，李恒凯，雷军.东江源区植被覆盖时空演变遥感监测与分析［J］.江西理工大学学报，2017,38（1）：29-36.

［23］姚扬，秦海明，张志明，等.基于无人机多源遥感数据的亚热带森林树种分类［J］.生态学报，2022,42（9）：3666-3677.

［24］查东平，林辉，孙华，等.基于GDAL的遥感影像数据快速读取与显示方法的研究［J］.中南林业科技大学学报，2013,33（1）：58-62.

［25］张继超.遥感原理与应用［M］.北京:测绘出版社，2018.

［26］张熠.遥感传感器原理［M］.武汉:武汉大学出版社，2021.

［27］赵虎，周晓兰，聂芳.遥感与数字图像处理［M］.成都:西南交通大学出版社，2019.

［28］赵杰，陈小梅，侯玮旻，等.基于城市遥感卫星影像对的立体匹配［J］.光学精密工程，2022,30（7）：830-839.

［29］周廷刚.遥感原理与应用［M］.2版.北京:科学出版社，2022.

［30］朱文泉，林文鹏.遥感数字图像处理:原理与方法［M］.2版.北京:高等教育出版社，2022.